经典科学系列

可怕的科学
HORRIBLE SCIENCE

时间揭秘
THE TERRIBLE TRUTH ABOUT TIME

[英] 尼克·阿诺德／原著　[英] 托尼·德·索雷斯／绘　杨大洋／译

U0257106

北　京　出　版　集　团
北京少年儿童出版社

著作权合同登记号

图字:01-2009-4322

Text copyright © Nick Arnold

Illustrations copyright © Tony De Saulles

Cover illustration © Tony De Saulles, 2009

Cover illustration reproduced by permission of Scholastic Ltd.

图书在版编目(CIP)数据

时间揭秘 / (英)阿诺德(Arnold, N.)原著;(英)索雷斯
(Saulles, T. D.)绘;杨大洋译. —2 版. —北京:北京少
年儿童出版社,2010.1
(可怕的科学·经典科学系列)
ISBN 978-7-5301-2356-0

Ⅰ.时… Ⅱ.①阿… ②索… ③杨… Ⅲ.①时间—少年读物
Ⅳ.①P19-49

中国版本图书馆 CIP 数据核字(2009)第 182885 号

可怕的科学·经典科学系列
时间揭秘
SHIJIAN JIEMI
[英]尼克·阿诺德 原著
[英]托尼·德·索雷斯 绘
杨大洋 译

*

北 京 出 版 集 团
北京少年儿童出版社 出版
(北京北三环中路 6 号)
邮政编码:100120

网 址:www.bph.com.cn
北 京 出 版 集 团 总 发 行
新 华 书 店 经 销
北京雁林吉兆印刷有限公司印刷

*

787 毫米 × 1092 毫米 16 开本 9.5 印张 50 千字
2010 年 1 月第 2 版 2021 年 8 月第 50 次印刷
ISBN 978-7-5301-2356-0/N·144
定价:22.00 元
如有印装质量问题,由本社负责调换
质量监督电话:010-58572393

目 录

谢谢！

啊，没有比时间再好的礼物了！

⏱ 关于时间 ⏰

每个人都知道时间。我们分享时间，我们可以赢得时间，但又常常失去时间。我们刻记时间，计量时间，争取时间，但到头来时间却谁也不等。你可以看表读时，但很少有人能处理棘手的时间问题。

明白我的意思吗?

那么，你到哪儿去寻求关于时间的真相呢？嗯，你可以去请教专家。但要听懂他们的回答，除非你有跟大象一般大的大脑……

也还有别的途径……你可以阅读这本书！它讲述了你从未听过的最伟大的神奇故事：一些人如何试图通过对时间进行测量和试验来揭示关于时间的真相，还有一些人甚至梦想穿越时间去旅行……

一本好书可能会带你去远古的时代和遥远的地方，带给你愉悦的感受。而本书却将带你踏上艰苦的旅程，穿越时间和空间，走得更远更远，去探寻至今最为奇妙的科学。你还会遇到一些严肃认真、孜孜以求的科学家。但是，等等，我现在还不能说得太多。你最好还是读读这本书，自己去发现那可怕的真相吧……

什么是时间

这是个可怕而奇妙的想法：

时间就像个洋葱头……

不！我不是说关于时间的话题有一股刺激的气味，让你口气不那么清新，还会让你泪流成行。我是说，就像洋葱头那样，关于时间的问题是有层次的。不知你是否乐于与我一起去一层一层地剖开这些知识，进而揭示一些神秘的事实，诸如：

▶ 怎么才能总是迟到却又不被处罚？

▶ 掉进黑洞会怎样？

▶ 正如书名所说的，时间背后到底隐藏着怎样的秘密？

还是让我们从洋葱头的最外层开始吧（比从中间开始好）！也许你很小的时候就知道时间了，这不足为奇！时间影响着我们每个人——我们以时间度量生命，按时间计划每天的事情，而我们总是觉得时间不够用，特别是星期日的晚上，周末快要结束才想起自家的狗儿还没遛呢！

然而，有个问题令科学家也会口吐白沫。你会发现，他们的回答复杂得可怕……

什么是时间？

好了，好了，还是我自己试着回答吧……

可怕的时间真相档案

名称：时间

基本事实：

1. 时间是宇宙的持续存在。目前，你正经历的时刻在时间中被称为"现在"或"当前"。你明白我说的是什么意思了吗？

这就是"目前"！

木钱？我只听说过铜钱。

时间起始

大爆炸！

2. 时间开始于"宇宙大爆炸"。而宇宙起始于空间中难以想象的细微一点。没人知道宇宙来自何方。但从那时起，它变得越来越大。

3. 科学家相信空间和时间属于同一事物。如果这听起来有些费解的话，不必头痛。直到第103页前，你还无须绞尽脑汁考虑这件事情。

泡沫！

恐慌！

这时你就知道第3页的科学家是什么感觉了。

可怕的细节：生活中许多的不幸，可归因于错误的地点和错误的时间。你是否曾误过火车、汽车或轮船？你是否找错过地点？你是否记错过化装晚会的日期？你一定明白我的意思！

化装晚会是在明天，不过，你可以一直在客厅里等着。

你肯定不知道！

1. 0.000 000 000 000 000 000 000 000 000 000 000 000 000 001秒是可测量的最小时间，也就是1分钟的六千亿亿亿亿亿分之一。这一极其微小的时间单位被称为"普朗克时"。"普朗克时"是以德国科学家马克斯·普朗克（1858—1947）的名字命名的。是他计算出了这一数字。你知道吗，尽管"普朗克时"比蚊子眨眼皮的时间还短，可与孩子们打开圣诞礼物的神速相比恐怕要长一倍。

2. 最长的时间是宇宙存在的时间——大约有130亿年。这可是非常长的时间——假若人类同宇宙同时诞生的话，我想，这段时间就相当于1.85亿个人寿命的总和！

长久以来人们一直在探索什么是时间，它是如何开始的。不幸的是，若无此书的帮助，他们只能停留于自己的想象。

世界各地都有关于时间的故事。下面这段故事取自希腊神话：

可怕的，令人作呕的故事

时间之神叫克罗纳斯*。他是天神和大地女神的儿子。

* "克罗纳斯"在古希腊语中是"时间"的意思。

一天，克罗纳斯与父亲大吵一场，他拿镰刀将父亲剁成小块儿。

我要给他一个深刻的教训。

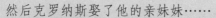

然后克罗纳斯娶了他的亲妹妹……

什么，娶你，我的丑妹子？你在开玩笑吧！

你别无选择，克罗纳斯，因为我是这世上唯一的女孩！

克罗纳斯意识到他的孩子们终有一天会窃取他的权力……于是他吞下了自己所有的孩子。

我喜欢婴儿做食物！

克罗纳斯咽下几个男神婴和女神婴后，他太太想出了一个计划。她将一块大圆石包成婴儿的样子，给了他饥饿的夫君。

啊，这个块头儿大！

克罗纳斯是个贪婪的家伙，他不假思索地吞下了大石头。

噗！

克罗纳斯太太将幸存的婴儿藏了起来，他的名字叫宙斯。

宙斯想尽办法让克罗纳斯吐出了他的兄弟姐妹们。

呕！

这是个挺好玩的故事，适合睡前在床上听。你知道吗？时至今日，过去的岁月还常常被描绘成一个手持镰刀的老人（或称时间老人），而未来的时光则被比喻成即将出世的婴儿……现在你可要小心那把镰刀哟！

尽管我们知道这些故事都是胡诌，就像教公猫唱歌剧一样，但它们却显示出人们是如何试图赋予时间以意义的。当然，科学家采用的是更科学的方法。我们在下一章中会有所改进。我们得快一点儿——下一章马上就开始了！

可怕而混乱的时间

奇怪的是，人们虽看不见时间的流逝，但却能看到随着时间的流逝而发生的各种事情。地球日夜不停地在太空中旋转；太阳东升西落；每到夜晚，一轮明月高挂天空；四季缓慢地更替着，而人们也在不知不觉中渐渐地长大、变老……

现在　　　　　　　20年后　　　　　　　200年后

我们已习惯了这一切，不是吗？假若事情恰好相反，人们神奇般地越变越年轻，你必定非常震惊。我敢打赌，任何 40 岁以上的人读到此处，都会为其面部皱纹的消失、为其不用任何特效洗发水却保持满头乌发而激动不已！

你敢试一试——事情如何反向发生吗？

你所需要的是：

▶ 这本书

▶ 你自己

你要做的是：

1. 这是一幅有趣的砍头图，看到了吗？你要做的就是将此书摊放在一处光线良好的桌面上，脸慢慢地低向断头台。不必恐慌，没有危险！

2. 盯着血滴，别走神。

你应注意到：

当你的鼻尖就要碰到纸面时，那已被砍掉的头就会与其身体复合！你的眼睛越接近页面，你的视野就越窄，最后甚至看不到那人头和身体间的距离了。这看起来就跟时光倒流一样！

在电影里，有时你会看到爆炸使人跳起来等诸如此类的镜头。如果你把录像倒着放，你就会先看到结果，然后才知道发生的整个过程。这就有点儿像在时光隧道中穿行。

谈到时间旅行，我们就开始讲独家时间旅行故事的第一段吧！

只要有钱，侦探格扎兹愿意干任何事。他要为怪人发明家拉兹教授试验时间机器。但试验出了点儿差错……你能找出问题出在哪儿吗？

格扎兹在时间旅行中失踪！

格扎兹的报告

像我这样一个纽约的侦探来帮忙做一项愚蠢的科学试验，是不是疯了？我希望自己早就知道。我还没有时间去琢磨自己能否准时回来。此前，我曾为教授做过一些工作。但愿我没做过。不过报酬还算优厚，钱总是好东西嘛。

在教授凶险的科学实验室中，就像三明治中的意大利香肠，我被箍夹在他发明的令人讨厌的机器里。他说那就是时间机器。我猜想自己是做了时间机器的试验品了。

在一个空房间里，教授合上了电闸。后来，我只记得自己是蜷曲在床上。再后来，我预感到有什么不对劲儿，但我不知道问题严重到了什么程度。我的手指已触摸不到我自己的身体。不久，我就发现了更严重的问题。

我从床上站起来。一些零散的图像拼在了一起……我失去了对自己身体的控制！它有自己的意志，但它已不受我大脑的支配。我的身体要向后移动，我只有依从它。它比我更知道要到哪儿去……

往下的事儿就更难于启齿了，真令人作呕！教授说"都讲出来"，我只好照办，因为我是拿了钱的啊。我滑步回到卫生间，拿起牙刷，拧开水龙头。可水却从下水口朝上冲了出来。大团唾液状的泡沫喷溅作响，流入我的嘴里。

我被吓坏了。我试着刷了牙，可还是满嘴臭味儿。

"嘿，格扎兹，"我颤巍巍地想，"伙计，振作起来！"

我被弄糊涂了，试着用毛巾擦手擦脸。可毛巾只能令我手脸更加湿滑。更多的污水从下水口涌出，蹿进了水龙头。我想教授该雇用一个好点儿的管子工。

我用力拉拽冲水链，然后打开抽水马桶盖。马桶被用过，我看都不愿往里看，可还是褪下裤子坐了上去。马桶里的东西升起来了，并被吸进我的体内！这简直是我一生中最难忍受的时刻，然而更糟的事还在后面……

把干燥的手纸放回卷筒，我站立起来。马桶里的水看起来挺干净的，可我却觉得自己脏得要命。此情此景已深深地烙入了我的神经。

"嘿，格扎兹，"我想，"你是个侦探，得想办法摆脱困境！"

长话短说，我换了衣裳，不知怎的就下了楼——当然，都是逆向的。我真怕掉下楼去，可我的身体知道每一个台阶的准确位置。我能听到教授的声音。他讲的不是英语，是一种我从未听到过的语言。

好上晚！

我想那也许是古冰岛语。

教授一直用这种语言讲话。我竟用同样的语言与他交谈，真是怪诞。我一点儿也不清楚我们在说什么。可不管是什么，教授确实都明白。

之后，我发现自己坐在桌旁吃饭。此后不久，情景就破碎了。一只猫最后揭开了整个事件的真相。

教授一直踉踉跄跄地从垃圾桶中捡拾碎瓷片儿，在地板上摆弄着。他咕哝着说些讨好的话，好像是"歉抱很我，的爱亲，啊！"

不知为什么，教授抓起猫，把它放在桌上。此时，更加怪诞的事情发生了。碎瓷片儿沿着地面飞到了一起，然后升到空中，像一只古怪的飞碟正好降落在我面前。它碰到了猫脚。猫退缩回去，像个小直升机似的落到了地面上！

古怪的事此前我也见过，但从没见过这么离奇的情景。我想起来了，昨晚小猫跳上桌子把我的茶杯碰到了地上。此时我才意识到这下真的糟了——我是在重过昨天！

我觉得肚子发胀，感到咀嚼一半的食物上升到我的食道，又进入我的嘴里，我的餐匙把它从我嘴里舀出。哎呀，该死，是我昨晚吃的蜗牛！

这些东西再次出现可真让人感到恶心。我把胃里反出来的食物放回到盘子上，不再吃它！

我在逆向进食！

这一天也是颠倒的。乘着逆向飞行的飞机，我逆向飞行。我还记得机上油腻的食品和颠簸的气流令我呕吐的那一刻。我祈祷那种事别再发生——

跟上次一样糟，甚至更糟。我拿着呕吐袋，乱七八糟的呕吐物跃出袋子向我冲来。我把呕吐物含在嘴里，咽入喉咙。最后我终于到了家，躺在床上。那时正是早晨，我觉得又困又累。那是我一生中最糟的一天，坏事连连！就在那一刻，我在时间机器中醒了过来——

教授写道：

> 我修正了错误。我代表我自己和我的猫——蒂德里斯，向格扎兹先生道歉。看来格扎兹先生经历了时间倒流，可他的头脑工作得还算正常。不过，格扎兹先生似乎不太喜欢他的晚餐。噢，亲爱的，我还以为他喜欢吃蜗牛呢！

噢，不，这故事看来令此书的科学顾问，自学成材的时间专家——罗伯特·诺德沃斯先生不快。我应说明，罗伯特大部分时间会在卧室中研究时间科学，他对细节问题是非常擅长的——

3小时后……

我对这个故事里难以忍受的用词大不以为然！

时间倒流根本就不可能！你知道，那是因为……

……这类性质的故事会给年轻人以启示：科学活动是有趣的，是令人激动的。可我们并不想鼓励此类事情发生！

嗯——罗伯特说到点子上了！基于重要的科学定律，许多科学家不相信时间会倒流。该定律只在一个方向中有效——向前进入未来。因为只有这样，才会越来越混沌——

好奇怪的说法

科学家说：

你是说……

在我的试验中，熵增加了。

受了伤？真可怕！

答案

若不为自己的无知而自豪的话，你应知道：熵是对"混沌"的科学说法。"混沌"就是混乱的、杂乱的、混淆的、无序的、凌乱的、糊涂的、讨厌的、乱七八糟的意思。科学家用此术语来描述在科学实验中或是在宇宙中，事物的混沌程度。

科学家认识到，在宇宙中熵量是与时俱增的。告诉你，只要看看自己的家，你就会理解这一基本概念了！你的袜子不见了。某个周一早晨你在自己的抽屉中发现了别人的内裤。果真如此，你就会明白我所说的混沌是与时俱增的！但这是为什么呢？是阴险的科学家的密谋让我们丢了内衣吗？噢，不。

可怕的时间真相档案

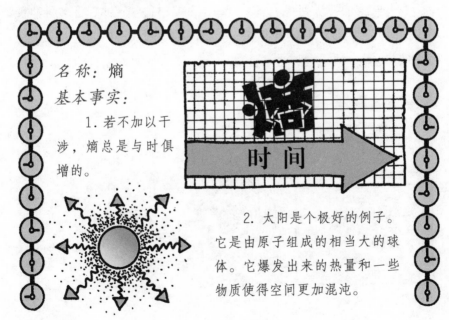

名称：熵

基本事实：

1. 若不加以干涉，熵总是与时俱增的。

时 间

2. 太阳是个极好的例子。它是由原子组成的相当大的球体。它爆发出来的热量和一些物质使得空间更加混沌。

3. 上面盖着冰激凌的这杯讨人喜欢的热巧克力中，熵也是与时俱增的。

热量！ 热量！

热能流入冰激凌

热巧克力失掉热能　　杯子的X光透视图

半小时后……

热量！ 热量！

冰激凌融化了，热量散入空气中

冰激凌融入饮料

4. 由于熵是与时俱增的，所以你可根据熵的大小确定时间的方向。看到碎瓷片儿重新组成杯子，格扎兹推断时间倒流了。而在实际生活中是不可能发生的，因为那意味着熵本身在递减。这也就是为什么你的房间不会自己变整洁，你必须亲自动手收拾的原因。

17

　　当然，发现熵和时间方向的规律是科学的巨大进步。你也许认为揭示了此现象的科学家一定名利双收，从此可以过着快乐的日子。嗯，科学可没有那么美好……

可怕的科学名人堂

路德维格·玻尔兹曼（1844—1906）国籍：德国

　　长了个大块头，留着络腮胡子的路德维格·玻尔兹曼，一生非常悲惨。其实，他并不是生下来就像一些教师那般严肃，也不像一些科学家那般令人厌烦。可路德维格的确曾说过，因为他生于四旬节的第一天，而不是最后一天，他就难得快乐过。实际上也真的如此。若有手帕的话，你就准备让它浸满泪水吧！

　　路德维格的爸爸妈妈十分富有。他孩提时就有数学天分，进入大学后成绩优异，25岁就成了教授。28岁时他阐述了一种理论，用于解释气体中原子的行为（原子是构成物质的最小微粒）。我们假想实验室中有个臭弹爆炸了，那么根据玻尔兹曼的理论，就可这样解释：臭味物质的原子不会静止不动，它们随处漂流，与空气原子相混合。这就是气味扩散的原因。同时熵也会增加。

你肯定不知道！

1. 玻尔兹曼的理论表明放在热屋子里的冰激凌实际上有可能停止融化，然后开始再次冻实……但有时也不太可能，要注意，一旦有人坐在你的冰激凌上，它可就再也冻不上了。

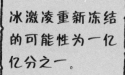

冰激凌重新冻结的可能性为一亿亿分之一。

但最可能的还是被吃掉！

扑哧！

呃，吃不到啦！

2. 玻尔兹曼对他这一巨大突破的广泛意义并不感兴趣。他没有太多时间对付哲学家们的争论。他认为那位知名的思想家，伊曼努尔·康德（1724—1804），实际上是在拿他的读者开玩笑。

康德，你严肃些！

到1877年，路德维格已经演算出了熵的数学表达式。他认为：原子处于混沌状态是因为混沌发展的机会多于有序发展。一杯热巧克力上的冰激凌融化的机会多于保持冷冻的机会。臭弹的臭味充满房间的机会多于待在角落里不动的机会。他说的对吗，对吗，对吗？

　　许多科学家认为他是错的。路德维格的理论是以原子为基础的。可那时原子的存在还没有被证实，不少科学家不信有原子。对他们而言，路德维格的理论就像服装表演上的嗤衣鼠一样不受欢迎。没有人愿意和他交往，他显得十分古怪，脾气又不好，还爱争论。不久就有一帮无情的科学家分别站出来，攻击路德维格。

　　有时科学可能比恐怖还要糟，它甚至可能是残酷的。30年来，路德维格忍受着其他科学家的蔑视和嘲笑，处境越来越悲惨。阐述了他的伟大理论后不久，路德维格的生活就破碎了。他亲爱的儿子英年早逝，自己又被一个高职位的工作拒之门外。路德维格是如此的悲哀，一个学生还记得他在街上肝肠寸断的呻吟。

　　后来，在1900年，瑞士的一间办公室里，一个无名的小职员告诉他的女朋友说他相信路德维格·玻尔兹曼关于原子的理论是正确的。1905年，他作出了科学的解释。这个年轻职员的名字就叫阿尔伯特·爱因斯坦（1879—1955）。他用数学的方法无可置疑地证明了原子确实存在。

　　遗憾的是路德维格从没有读过那篇文章。那时他几乎失明了，而且还忍受着剧烈的头痛。有段时间他被认为是疯了，被锁在一所精神病院中。他的夫人——海瑞特，在给她女儿的信中写道：

你父亲的情况一天比一天糟。对未来，我几乎完全失去了信心。

　　路德维格和夫人去度假。在游泳回来的路上，海瑞特在干洗店耽搁了一会儿，去取丈夫的衣服。到家时，她发现路德维格已经自杀了。那年他62岁。

路德维格·玻尔兹曼曾写道:

> 我深知自己是单枪匹马地在时间长河里争斗。

多么令人心寒，但又多么准确的预言！

时间总是使好运与路德维格擦肩而过。如果腾出点儿时间读了爱因斯坦的文章，他的情绪或许会好些；如果夫人及时赶回家，他也许不会死；如果再多活一年，他还有可能获得诺贝尔奖，他的天才会得到承认。他的确是个天才！

好了，读者朋友们，现在你们可以擤鼻涕了，可情绪不要太低落了。下一章我们讲如何使时间具有意义。你肯定能把握住你生命里的时间（不像可怜的路德维格）。

生命与时间

你是否注意到，当你享受生活时，时间的脚步似乎变快了。当你玩喜欢的电子游戏或和伙伴在网上冲浪时，时间简直就是在飞！真难以置信！可当你等候牙医就诊，听着牙钻吱——吱——吱地尖叫，时间又好像被拖得好慢好慢……

当全神贯注于所做的事情时，你不会注意到时间。可当你遇到不喜欢做的事时，你一定会格外关注时间。这就是本章要讲述的——我们人类以及身边的动物和植物是如何感知时间的。

你知道，这是一种技能。想象一下，当你站在人行道上，一辆大货车疾驰而来，但还有一段距离，你确定有足够的时间可以穿过街道。哇，你成功了！想过你为什么不会被压扁吗？那是因为你大脑中固有的计时器，你具有了判断时间的能力。但是别只相信我所说的，记录下这些事实好了。

可怕的时间真相档案

名 称：生物钟

别吓着！

是这滴答声使你持续活动！

基本事实：

　　1. 你的身体似乎在用一团比沙粒还小的脑细胞来标记时间。这些细胞像滴答作响的钟表，以固定的频率发出信号。

　　2. 大脑似乎是固有的时间感应器。它的工作极端重要，如控制体温、感觉饥饿和控制睡眠。

上床睡觉！

打开加热器！

吃点儿东西！

　　3. 结果是你的身体在午后到晚饭前处于最佳状态。此时你的体温上升，肌肉最强壮。

可怕的细节：

　　清晨时，身体处于最弱状态。心脏病发作和死亡大多发生于此时。

你肯定不知道！

假想你被关在一个昏暗的洞穴里，看不到阳光，也没有时钟。在探寻人体如何应对没有时间线索的环境的实验里，志愿者就是这样。1989年，斯蒂芬妮·弗丽妮进入美国新墨西哥州的"迷失洞"，在那儿她待了18周。不知不觉的，她开始按一天28小时作息。6周后，她完全失去了时间感，连续30小时不睡觉。长时间不睡觉似乎对她没有多大伤害，但她报告说感觉极糟，甚至曾试着想与鼠、蛙说话，借以提起精神。

> 好了，关于我自己说得够多了。你们这些家伙也来讲点儿什么吧！

我猜想，试验表明，人体生物钟的调定需要明暗的有规律变化。下面你会读到几种大脑感知光亮的方式。

好奇怪的说法

科学家说：　　　　　你是说……

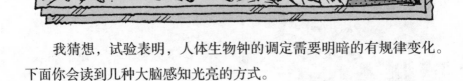

我进入了生理节奏……

> 哇！给我个高音"so"，我找着调儿了！至于"生利"……那可是"酷"族啤酒！

答案

除非要让科学家"拍打"才能明白,你应该知道生理节奏是人(及其他动物和植物)身体遵循的大约24小时的节奏。

好了,我看你的生理节奏就要达到峰值了。接下来是智力测验时间。

人体时间智力测验

1. 人脑感知光亮时会释放一种物质令你在暗处发困。在北极的长夜中,人们虽然总在过黑天,却常常无法入睡,这种情况会导致……

a)眼部细菌感染　　　b)眼睛红肿　　　c)头昏脑涨

2. 感知光亮、释放困睡物质令你晚上入睡的那部分大脑叫什么?

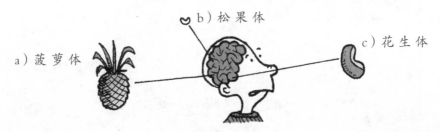

a)菠萝体　　　b)松果体　　　c)花生体

3. 除生理节奏,人体还具有科学家尚不完全明白的其他周期。我们的抗病菌力高峰多长时间出现一次?

a)每周一次　　　b)每10年一次　　　c)每月一次

4. 长途飞行后，人体生理节奏与日光不同步后产生的现象叫什么？

a）食滞 b）老年痴呆 c）时差反应

答案

1.b）

2.b）松果体位于脑中央，它接受来自眼睛后部光敏化学物质的信号。新西兰一种蜥蜴的松果体还连接着它头顶上的第三只眼睛。听起来挺有趣，可要给它配眼镜可就难了。

3.a）

4.c）你感觉非常的疲劳，却睡不着觉。

谈到时差反应，你可能会对下面提出的某种疗法感兴趣。这本游记写的是一个人的真实经历。

旅行者的故事

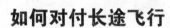

如何对付长途飞行

读者朋友们，如果和我一样经常旅行，你们就会知道长途飞行所导致的时差反应是怎么回事了。"疲惫"一词不确切，简直就是"可怕"！几年前我碰巧发现了哈佛大学一位科学家理查德·克朗纳提供的新疗法。

我出现了时差反应

理查德用亮光脉冲调整我的生物钟。听起来怪诞，可真的管用！

在从美国到英国的飞机上，我要做的仅仅是避免早晨阳光的照射。我首先想到的是戴上焊工用的护目镜。到达希思罗机场时，因备受注意，我还挺扬扬自得。也许当地人把我当成电影明星了。我又是微笑又是挥手。可到后来，还是因样子可疑被保安人员抓了起来。

吓唬科学家

下次见到科学家，悄悄地走过去，拍拍他的肩膀……

人越老，时间过得越快，是吗？

呃……

答案

是的，或者像科学家喜欢说的"可能"。年长者常抱怨时间过得一年快似一年。也许是因为人们变老时，脑子也慢了下来，相比之下，事情似乎就发生得快多了。这样一来，他们就认为时间过得更快了。

有个试验，让人们听两种节拍，要求判断哪个快。小孩子善于辨别较快节拍间的差异，老年人则善于辨别较慢节拍间的差异。也许是因为小孩头脑快些，比老年人觉得时间过得慢。当然，这也解释了为什么小孩子总是抱怨科学课老是没完没了，而年长的教师则总认为课时太短……

你肯定不知道！

　　像苍蝇这样动作敏捷的生物，看时间通过也许甚至比孩子们看到的还慢。一些科学家认为，当苍蝇看电视时，它的头脑工作太快，无法将行进中的图像拼凑到一起，实际上它会看到电视两帧图像间的暗影。电视每秒映出25帧静止图像。我们缓慢迟钝的头脑正好把它们拼凑到一起，就错过了暗影，看到了动态的画面。可苍蝇不会。

图像太糟了！

是啊！

太差啦！

　　告诉你，某些动物和植物，甚至不算蔬菜的马铃薯，判断时间的本领也比一些人都强。事实上，你甚至可以拿它们当时钟用！商业广告后我们再继续讲述……

"可怕的科学"丛书

老古玩钟表店

（宠物部）

厌烦你那滴答作响令人疲惫的钟表了吗？

为何不投资于活体计时宠物？

蚝 钟

它的贝壳保证在潮汐期间每小时打开长达4分钟！蚝的令人费解的月球传感器可检测导致潮汐的月球引力，告诉蚝钟潮汐何时到来。有了这种袖珍钟，一切尽在你的掌握之中！

特别提示：如若厌烦了，你尽可以就着香美的蒜汁嘬食里面的嫩肉。

果蝇闹钟

早晨起不来床吗？为何不试试果蝇闹钟？这些小昆虫在凌晨必定出现，做第一次飞行。即便它们、它们的父代、祖代等等（可达15代）被封在黑暗中，从没见过阳光，也会如此。

特别提示：你会喜欢果蝇叫早吧！它们栖息在你的鼻孔旁，死在你的茶水中，还在你的麦片粥中表演花样游泳。可别叫我抓它们，还是离得远些吧。

好啦！好啦！我这就起来！！！

呃，该再烤点儿面包了！

说到昆虫

你可让蜜蜂钟发出蜂鸣！

每早特定时间都留一点儿果酱，往后，每天同一时间就会有蜜蜂前来巡查，跟钟表一样准确。

特别提示：此钟的成本不算高，但你有被蜇的危险。

说到园艺

就让我们的植物钟告诉你现在是几点了吧……

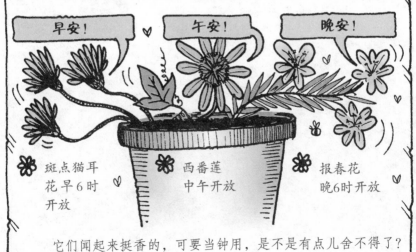

早安！　午安！　晚安！

斑点猫耳花早6时开放　西番莲中午开放　报春花晚6时开放

它们闻起来挺香的，可要当钟用，是不是有点儿舍不得了？

要发现更多的时间钟？

我愿向您推荐绝无仅有的马铃薯钟。它与通常一般的马铃薯毫无二致，只是其"芽眼"在早7时、午间还有晚6时释放出较多的氧气，夜间则较少。即便在人为给定的持续的光照下，它的这种特征仍保持不变。

特别提示：保证不用硅片（但会有许多薯片）。

几点啦? 亲爱的!

6点

科学疑问笔记

你可能急于知道这些钟到底是如何工作的。噢，亲爱的，科学家们也不十分清楚。也许是一些基因在按时启动。基因是DNA构成的化学结构。DNA是活细胞中控制何时及如何生长的化学蓝图。如果DNA能控制小孩何时长成少年，那它就可以做任何事情了……

好了，如你所见，我们人类长于记录时间。但要做好此事，我们的确要借助于钟表。对于更长的时间，像几周、数月乃至若干年，更是如此。如果你手头有日记或日历的话，那就更方便了。就让你的日记留点儿地方给下一章吧！

日历杀手

你认为那些印有可爱的小猫图案的日历是买给奶奶作礼物的吗？噢，不错。可你知道吗？它更是人们为之绞尽脑汁、争吵不休甚至互相残杀才诞生出来的产物！

让我们看看这日历之争是如何开始的

很久以前，早在人们发明了自行车、室内厕所或电视之前，人们就需要记录时间和季节了。在那远古的日子里，我们的祖先披着兽皮，住在洞中，手指关节拖到地面到处走动。他们敏锐地知道冬天何时结束，何时有更多的猛犸可以猎取。

人类那时也许确实发现了测度时间的方法。如何发现的？我们问问智慧的穴居人阿格：

▶ 夏天，太阳从东北方升起，从西北方落下。白天长，气温高。

▶ 春秋，太阳从东方升起，从西方落下。正午的太阳不如夏天时的高。

▶ 冬天，太阳从东南方升起，从西南方落下。白天又短又冷。我肯定穴居人会穿上他们的自感应保温内衣。没错，就是那扎人的、没形的、猛犸皮内裤！

标识一年中特别进程的4天是：

▶ 夏至（一般是6月21日）*白天最长。那天中午太阳高度达到一年中的最高点。

▶ 冬至（一般是12月22日）*白天最短。那天中午太阳高度达到一年中的最低点。

▶ 春分和秋分（3月21日和9月23日），白天和夜晚一样长。

*如若在南半球读此书，则该两日期会不同。

现在你可能会感到奇怪，太阳为什么要花那么大的力气令每天的长度有所不同呢？我是说，这会不会是某种暗示，借以帮助愚笨的穴居人正确区分一年中不同的时间呢？

实际上，归根结底是因为地球在以令人难以琢磨的摇摇晃晃的角度自转。

地球绕太阳疾行，一年一圈。

这意味着地球的南、北半球交替靠近太阳。这就是为什么拉普兰是夏季时，澳大利亚却是冬季。

人们不久就弄明白了，当太阳在正午所处的位置与上一年相同时，那就是过了一整年。

可我们人类要测量比年更短的时间长度。想想，若只用年计时，那将是何等可怕！汽车、火车每年开一次，你每年只有一个假期，你家某人会在浴室待上一年！

所幸的是，大自然给了我们将一年划成若干小段的方式。知道那是什么吗？给你个提示：

不必去问月亮——可月亮有助于回答这个问题。

对啦，月球大约每个月绕地球一周。你会注意到当月球运转时，其形状似乎在变，从新月到满月再回到新月。老谋深算的月亮！

你敢试一试——月亮是如何改变形状的吗？

你所需要的是：

▶ 新月（天上总会有的）

▶ 日历或日记

▶ 指南针

你要做的是：

1. 记录下新月内边指向。

2. 两周后再观察一次新月。

你应注意到：

a）新月内边的指向会发生逆转。

b）新月内边指向相同的方向。

c）新月内边指向上方，像只微笑的嘴。

答案

a）月亮闪光是因为反射阳光。绕地球运行，从不同方向得到阳光，月亮看起来在改变形状。当月亮渐盈时（向满月发展），其内边向西；当月亮渐缺（变瘦）时，其内边向东。听懂了吗？内边可能向上，但不是偏东就是偏西。

额外特别奖励分值给予那些受到启发而答对问题的读者。一年中在所谓"新月"后总有几天，人们看不到月亮。那是怎么回事？

a）月球运行得离地球太远了，我们难以看到。

b）月球所处位置得不到阳光，我们看不到它。

c）月亮出现在白天，难以被看到。

答案

c）白天光线太亮，月亮无法被看见。

好啦，月球绕地球有规律地行进，你就能确切知道月亮如何运行，新月何时出现。以新月出现标记一个月的开始看来是个非常"酷"的主意。早期人类似乎也这么想……

13 000年前一只法国的鹰，对世上最早的日历形成了致命的打击。科学家发现那只鹰的骨骸上标有奇怪的标记，这标记可能是月亮变化的记录。

当然，其他科学家不同意这种说法，强烈地坚持说那不过是些久远的刮痕……

可对现在而言，那就是一个极度骇人听闻的新闻啊！

几千年来，人们一直是借助月亮来计量月份的。月亮告诉人们何时播种，何时收割，何时纳税。但千百万的人们却一直在按错误的时间做事：月亮耍弄了他们，欺骗了他们，蒙蔽了他们，诓骗了他们，使他们显得如此愚蠢，就像在与假老虎争斗。原因在于：

哈！哈！哈！以月亮计量的月份与以太阳计量的月份不一致！

2000年，地球绕太阳一周用365天5小时48分45秒，月亮绕地球一周用29天12小时44分2.9秒。正如在古代中国和希腊以及在阿里索纳人们所发现的，这意味着要用12个月亮月去填满一个太阳年的话，总是差几天。这样，你的日历每年就会少那么几天。

那么，这几天总得想法去处理吧。像巴比伦人（他们当年居住的地方如今叫伊拉克）、希腊人和罗马人，他们最后干脆每隔几年就将累积差出的天数放入多加的月份。挺复杂的吧？就是！

我本可讲述几千年来世界各地发展起来的众多不同的日历。但我不打算讲，因为……

a）你可能不感兴趣。

b）这本书就得有1596页厚，只有像罗伯特那种讨厌的日历虫才肯读。

所以我要给你讲点儿奇特有趣的事儿……

他这是什么意思？

日历趣闻

1. 基督教、犹太教、伊斯兰教和印度教的宗教日历一直是基于月亮的。这就是为什么复活节会是在每年过春分月圆后第一个星期日的原因。

2. 把一周定为7天可能没什么科学依据。在古巴比伦，人们似乎对数字7特别钟爱，所以沿用至今。

3. 关于日历的最早的参考资料之一见于公元前800年希腊诗人黑休德写的一首诗。诗人历数了一年中他必做的工作，以谴责他那什么也不干的懒兄弟。是啊，懒惰可不是什么现代发明，自古有之！

4. 古阿兹台克人（墨西哥印第安人）日历中有一个52年的周期。人们相信走到其终点就意味着死亡。为了阻止世界末日，阿兹台克祭司要剜出牺牲者跳动的心脏放入火中烧。

腐朽的罗马计时方法

古罗马日历归祭司掌管。直到公元前304年，除祭司外的任何人都还不许查看日历。后来一个勇敢的罗马叛逆者偷了本日历给人们看，此后规矩才得以松动。

你肯定不知道！

公元前753年，罗马人发明了九、十、十一和十二月。其文字含义分别为"第七个月"、"第八个月"，以此类推。太具想象力啦！我可不以为然！你会惊叫："等等，九月是第九个月，而非第七个月！"对，罗马人是50年后才开始采用有12个月的日历的，所以尽管表达的意思是错的，其名称却都保留下来，并沿用至今。

罗马人的日历有个致命的问题。那就是从一开始，祭司们就可在任何时候根据其需要往一年中加入多出的月份。若此俗延续至今，结果何其可怕……

恺撒的统治

由于祭司们在一些年份里多加了月份，到公元前 46 年，日历与季节已不同步了。人们已不知道什么时候该收割，什么时候该纳税了。

事情越来越糟，而糟事还在继续发生。此时至高无上的统治者恺撒（公元前100—公元前44）说话了。

★ 后来八月份以恺撒的伟大侄子的名字奥古斯都（Augustus公元前63—公元14）命名为August。

　　新日历推行得看来还不错。但有个问题，一年要比地球绕太阳运行一周所需时间长出11分钟。可也算不上什么吧！我是说，11分钟在朋友间算得了什么……麻烦的是来年的日历中也会多出11分钟，长此以往。手头若无计算器的话，就让我告诉你吧，每年多出11分钟，每134年就多出一整天，每1500年就多出11天。照这样的话，圣诞节也好，复活节也好，你的生日也好，最终都将过错日子！不少科学家推测，在未来的1300年中，天也许会变长。有些专家将此消息报告给教皇（教廷的老板，唯一有权纠正错误的人）。不知怎的，这些专家中一些人的名字听起来都傻乎乎的，例如：诺迪克·结巴，诺迪克·爆米花，诺迪克·厚唇（他们之间没有血缘关系）。

但其中最著名的是个名叫罗吉尔·培根（1214—1292）的修士，或以其职衔相称的话，叫行乞修道士培根。关于罗吉尔我原可讲述许多，可我先不讲了。因为我刚刚发现了失传已久的一本他的好友写他的书！噢，别急，那没准儿是件赝品。

罗吉尔·培根——神话背后的修士

行乞修道士 艾格 著

这是我

提起"行乞修道士培根"的名字就让我想到早餐。他怎么就没像我一样起个有点儿诗意的名字呢？人们说在那伙儿人中，我不是最聪明的修士。别的修士叫我"半碎蛋·艾格"。我真不知道他们为什么这么叫。好啦，说我说够啦，让我给你讲讲我的同事罗吉尔的事儿吧！

我是修道院院长

我们的老板，修道院院长，不喜欢罗吉尔。罗吉尔也不喜欢他。他们总是争吵。罗吉尔认为他比任何人都知道如何教导年轻修士，老板对此大为不快。于是罗吉尔被挑出来去做别人不愿干的活儿。当然啦，当他打扫厕所时，我不会去帮助他，而是给他以精神支持。

嗯……

一天，想必是1266年吧，罗吉尔收到了一封信。此信令他脸上露出一丝微笑。他的一个名叫盖伊的老朋友，刚刚被选作教皇。猜猜怎的，盖伊要罗吉尔告诉他对于日历的看法！此时罗吉尔才意识到自己没写下任何东西。他一直忙于清扫猪圈，给别的修士剪趾甲。

罗吉尔，请告诉我一切事情！
盖伊

好啦，此时罗吉尔开始工作了。有了教皇的指令，那个修道院院长再不敢难为他了。日夜兼程工作两年后，罗吉尔终于完成了这一繁重的工作。我知道那有多重，它曾砸了我的脚，哎哟！

"管它叫什么好呢？白痴故事？"罗吉尔问道。

作为他的同事和朋友，他总是以这种友好的语气跟我说话。

"哎，真是部巨著！"我抚摸着心爱的玉米威士忌沮丧地说。

"这题目太好啦！"罗吉尔叫了起来，友好地给了我一拳，打得我摔了个嘴啃泥。

砰地重击！

于是他就将此书冠题为"巨著"。

现在我还说不清那里面写了些什么，因为页数太多，又没有图画，我读不懂。但我知道罗吉尔对教廷使日历与实际失去同步的批评是不太客气的。罗吉尔说日历每年丢掉11分钟，那意味着复活节的日子总是错的。

罗吉尔将他所著的书给了他的仆人约翰，派他到罗马送给教皇。约翰回来时告诉他，此行艰险，几次差点儿被劫，但终究还是到了罗马。问题是教皇去世了，别人不想读。

他死了！

我的老伙计罗吉尔却一直坚持，从未放弃。他给教廷上层人士写信，指出现行日历中的错误。

这回可引起了他们的注意，他们把他锁在监狱里关了15年！

被放出来时，他已濒于崩溃。不久，就愤然离世，被人遗忘。但他忠诚的同事，我，行乞修道士艾格，永远不会忘记他！

嗞……

事实证明培根是对的，即便是教廷也无力改变地球运行的方式。到1582年，日历几乎错了两周，问题已经非常严重……太愚蠢啦，没法说！

你肯定不知道！

　　一年的长度曾被欧洲以外的其他国家的科学家精确地测量过。阿拉伯科学家阿布·阿拉·莫哈默德·伊本·亚博·阿巴塔尼（850—929）用天文观测的方法测得的精度误差已达28秒。

　　在中亚，乌拉·贝格（1394—1449）是个对天文感兴趣的王子，热望当个科学教师（多么不可思议）。他成立了自己的大学，亲自讲授科学。他还投巨资建立了自己的天文台以研究星空。事实证明，乌拉是观星人中的明星，他测量的年长精度误差已达25秒。悲哀的是，他的儿子可不是个明星。他密谋反对他当科学家的爸爸，用剑劈开了他的头颅。

　　再回到欧洲。世界上最伟大的未被传颂的英雄，即将登台。此人本应比米老鼠更家喻户晓，但令人悲哀的是，甚至没人知道他叫什么……

可怕的科学名人堂

路易吉·利里奥（1510—1576）　国籍：意大利

如果你问"路易吉，他是谁？"我不会责怪你。事实上，99.99999%的人没听说过他的名字！也难怪，有些人干了些无关紧要的事就难以置信地出名，踢球的、唱了几首歌的、演了电影的。但，那又怎样？路易吉·利里奥却因为干了惊天动地的大事而默默无闻。他所做的一些难以置信的重要事情一直影响着我们的日常生活。

他发明了我们现代的日历。

他是怎么发明的？

作为医生和大学教师退休后，路易吉安静地生活在意大利南部。15世纪70年代初，他突发奇想：

是修正日历的时候啦！

一种兴奋的冲动让这个老医生坐了下来，他把自己的想法一一做了笔录，然后收拾好行装，到罗马向教皇作了汇报。此后不久，他就去世了。

那么，你也许会说，既然罗马教皇不听才智的培根所说的，为什么要听卧病在床的路易吉所诉呢？更不用说他已经死了。原来，路易吉有个秘密武器：他的兄弟，安东尼奥。安东尼奥力争使教皇和其他重要人物认真对待其兄的计划。1578年，他终于成功了。

提到历代教皇，格列高利十三世（1502—1585）并非政绩最佳的。他向人民课以重税，令可怜的百姓忍饥挨饿，他却花钱大搞庆典，大兴土木。可他的确解决了日历的混乱。确切地说，是他组建了以德国天文学家克里斯托弗·克拉维斯（1537—1612）为首的小组为他工作。他们支持了路易吉·利里奥的计划。

你看，利里奥的计划有个极大的优点：那就是简单，都是些常识。呃，等等，实际上应该有两点。最好让利里奥自己说吧……

我们从日历中拿掉10天……此举足以将复活节保持在一年传统的时刻。我们还每400年取消3个闰年，以此纠正错误。

噢，你能解释此项计划吗，罗伯特？

就是说，除非可被400整除，任何以"00"为尾数的年份都不会是闰年。2000年是闰年，1900年就不是。挺烦人，是不是？亲爱的读者朋友们！

路易吉的计划真的有效！等等，还不完全有效，每3300年还是有1天会多出来，嘿，谁在乎呢？可显然有人在乎……

渐渐的，新日历广泛流传到整个欧洲和美洲。如今是比利时和荷兰的一些地方，当局曾决定在圣诞期间丢弃那多出的10天。这样，圣诞节就被人为地取消了。结果无疑是孩子们又哭又闹，而吝啬的父母们却暗自高兴。到1949年，中国也采用了这个席卷世界的日历。这个日历是以使它得以推行的人的名字命名的。对啦，就是教皇格列高利！

因为路易吉·利里奥已经去世了，被埋葬了，所以那日历被称作"格列高利历"，而非"利里奥历"。实际上，教皇办公室甚至早已将路易吉那本书弄丢了。所以你要记住，老兄，要想死后成名，最好在某个显要人物以你的好主意成名前就想办法先成名，别死得太实在了。

计日之史

以前的日历只能告诉我们一年的某天是几月几号，但它并不提到年份。计算年份的主意是个叫迪奥尼修斯·伊科斯戈斯（500—560）的并不引人注目的教士发明的。

49

　　大家都叫他"小丹尼斯"，一方面因为他个子不高，另一方面是他对自己实在也没什么好说的。

　　不管怎样，是丹尼斯发明了"AD"一词（或 CE，即公元）。"AD"是拉丁文anno Domini（我们的基督之年）的缩写，意为耶稣诞生以来的年份数。但事实却并非如此，你知道为什么吗？

　　1. 如今的历史学家认为耶稣诞生的年代是4BC。噢，搞错了吗，罗伯特？

BC的意思是"基督前"（现常叫BCE，即公元前）。这种说法是1627年才发明出来的。

汪! 汪!

喵!

　　2. 丹尼斯是从第1年，而非第0年开始计数年份的。对此，无法责怪丹尼斯，因为数字0的概念是在200年后才（从印度经由阿拉伯）传入欧洲的。

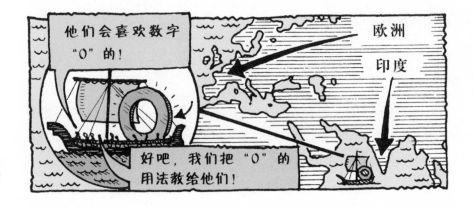

他们会喜欢数字"0"的！

好吧，我们把"0"的用法教给他们！

欧洲

印度

令人震惊的想法

噢，等等。我刚刚想起了点儿什么！那就是说历史老师、历史教科书关于日期的记录在过去2000年里都是错误的！即便此书中的日期也都是错误的！也就是说跨世纪庆典本应在1996年举行，全世界都误了那个重要的日子！哇噢！

你肯定不知道！

在欧洲，也许很少有人知道我们中国人用动物的名称来命名年份，如鼠年、虎年等。他们也不知道自己降生的年份会带给他们某些特质，比如，好的教师都出生于猴年。我建议还是不要让他们知道为好。

> 您生来就具有猴子的特质，先生！

不管怎样，日历总是人整理出来的。要知道，有些人擅自发明自己的日历，导致了可怕的后果。看看1792年的法国！1789年，法国大革命后的新领导人想要按他们认为更符合逻辑的方式改变日历。报纸上也随之充斥着各种相关的消息，特别是在出现了可怕的错误后……

革命日报

1794年4月5日

日历变革骗子被砍头!

今天巴黎人倾巢而出，去看菲利普·法布里·戴戈兰廷被砍头。两年前，这个有点儿狂热的前诗人支持了轻率的日历改革计划，名声大噪。

新日历经立法推出，一年有10个月，一天10小时。由于人们抱怨每10天才休息一天，一周10天的提议才突然被撤销。

法布里的政敌说他窃取钱财，实施贿赂。他的从政生涯惨败，面临断头之灾。

执刑时，这个企图修改时间的叛逆直到最后一刻都昂着头，很平静。执刑的时间快到了，他还向人群高吟诗句。真是典型的文人，什么时候都文绉绉的!

1805年，这股擅改日历之风才趋于平静。而改变钟表时间的主意更不成功：其机会就像在台风中抓住被吹跑的假发一样渺茫。话题说到钟表，现在我们该看看那些古怪的老家伙啦……

对不起，我不是说那些过时的老人们，我说的是下一章要讲的计量时间的老式机器。

古怪的钟表

没有钟表，会是什么样子？给（老式）钟表上了发条，它们就会在早晨把你叫醒，提醒你已经晚了，使你紧张起来。钟表是极其重要的，本章就解释其原由。

止住钟表！

我们的一生都与时间紧紧相关。时间是以蹒跚的时、漫步的分、飞驰的秒来测量的。你能说出哪种体育运动或竞赛可以不靠钟表记录速度和时间吗？当然，就是蜗牛比赛你也需要块表……

——起跑稍迟，可莫拉斯先生还是领先大约一小时，嗯，确切地说是以35分钟的优势取胜啦！

你也许知道，时、分、秒是巴比伦人在4000多年前发明的。没有钟表，时、分、秒就像沙漠中的潜水服一样毫无用处。当它们被发明后不久（公元前3500），世界上首台计时器已见雏形。直到今天，有些人的花园中还有这种古怪的玩意儿。先别离开，商业广告后我们继续……

"可怕的科学"丛书

老古玩钟表店

拥有你自己的方尖塔

你现在也可用自己的方尖塔巨型日晷计时，这会令你的邻居十分敬畏的。

 没有会出错的运动部件

 久经考验的传统技术

 保证使用3000年

 由我们的奴隶大军承建

跟古埃及法老用的一样

22米高

250吨重

地面标记
显示小时

建造需用时10年左右！
此设计基于2600年前法
老布桑提克三世所建方
尖塔。

仅售
25 000 000.99英镑

正午光景时的阴影显
示当时所处的季节

外加999999.99英镑，可在方尖塔上雕刻埃及象形文字。与原物别无两样。

特别提示：由于地球环太阳运动的轨道是椭圆形的（像压扁了的圆），而非正圆形的，太阳通过天空的时间有些天比另一些天会长些。也就是说，你的钟有时会不准。

好奇怪的说法

时间专家宣布：

我花园里有个大日晷——
你是说……
噢，是啊，我姨妈伯瑞家的花园里有好多乌龟！

答案

千万别得罪专家，对你的健康没好处。仅供参考：日晷是一个像方尖塔那样矗立的物体。它的光影被用来计量时间。

你说什么？你抠门儿的父母不愿给你买个方尖塔？噢，真糟！那为什么不自己做个日晷呢？不用像广告里说的那么大，用钱不多，挺有趣，也不用奴隶来建。做完日晷，还有别的钟表要做……

你敢试一试——自己动手做个钟吗?

1. 日晷

你需要的东西:

▶ 一张硬纸板

▶ 一个手电筒

▶ 一把剪刀

▶ 一把尺子

你要做的事:

1. 如图所示,将硬纸板切成"T"形,并折叠。

2. 如图所示,将尺子放在"T"形的平面部分。

3. 使房间变暗,打开手电筒。弧形移动手电筒,就像太阳在空中移动那样。

你应注意到:

太阳(噢,我是说那手电筒)越低,影子越长。地球上大多数地方的正午时分,冬天太阳显得低,夏天显得高。所以日晷还能告诉你此时所处的季节。

2. 水钟

历史备注:

此类钟表是1350年左右在埃及发明的。希腊人叫它们为"水贼"。

你需要的东西:

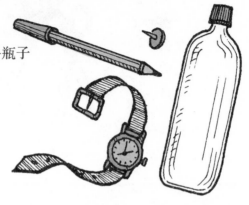

▶ 一个2升容积的空塑料瓶子

▶ 一个图钉

▶ 一支绘图铅笔

▶ 有秒针的钟或手表

你要做的事:

1. 用图钉在瓶底上方2.5厘米处扎一个孔。最好把瓶子放在下水道旁,防止漏水,引起不必要的麻烦。

2. 用水把瓶子灌满,在液面处做好标记。等1分钟,当水从小孔排入下水道,空了一部分后,再做一个标记。再等1分钟,再做标记,如此反复,直到你不想再做了为止。

3. 在做标记的间隔期间阅读此书。

你应注意到:

水位越低,1分钟间隔标记距离越近,水往瓶外滴漏得越慢。当然了,在寒冷的夜晚此水钟会冻结,有时也难免会有脏东西堵住小孔。

58

不管钟表安放何处，它们都会插手人们的生活。古希腊思想家亚里士多德（公元前384—公元前322）曾抱怨，在剧院里，有些人只顾注视水钟而不专心欣赏剧情。在雅典，曾有人用一台巨大的水钟计量时间，以控制那些无聊政客们冗长的演讲。

公元前100年，一个古希腊人写道：

小时候，除了我的肚子外，我没有任何钟表。对我而言，肚子就是最好也是最准的钟表。到时候它就叫我吃饭，除非没的可吃。

他接着说，自从那些新奇的玩意儿日晷普及后，人们严格地遵守着时间，只有当日晷告诉他们是午餐的时候了，他们才能开始吃饭。说实话，那苦苦的等待只会让他们觉得更饿。你知道那是什么滋味儿吗？

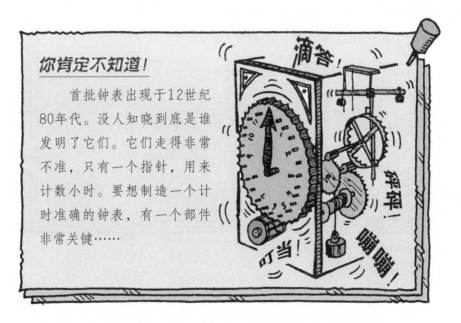

你肯定不知道！

首批钟表出现于12世纪80年代。没人知晓到底是谁发明了它们。它们走得非常不准，只有一个指针，用来计数小时。要想制造一个计时准确的钟表，有一个部件非常关键……

好奇怪的说法

钟表专家说：

答案

　　在钟表专家"棘"住你之前，你最好能设法"摆"脱。擒纵轮（棘轮、摆轮）是一组齿轮，它们以正确速率驱动钟表指针转动用来指示时间。装有改进摆轮的钟表是16世纪50年代才出现的。

你肯定不知道！

　　16世纪50年代起，钟表的计时部件是摆动的重物（或叫"重锤"），或由小弹簧控制来回摇动的轮子。两者都按固定速率运动。这些老计时器现在当然都成了有价值的古董。

记住以下事情：

　　1. 在第一个重锤摆钟出现前，天文学家曾动用数个孩子摆动重锤而计数摆动次数，借以计量星星在天空中移动的时间。那些日子里，"大摇大摆"可不那么受欢迎。

2. 重锤摆钟的动力来自于梯次缓慢下降的重物。而重物的下降则由摆动的钟摆控制。这就是说，那些古老的钟表在太空中是无法工作的，因为那儿没有引力可以把重物往下拽。

3. 在海上更糟。重锤钟和弹簧钟的发明人，荷兰的超级科学家克里斯蒂安·惠更斯（1629—1695）曾努力了20年试图造出能在海上较好计时的钟表。你知道，要准确计时，重锤必须以固定速率摆动。而在波浪翻滚的大海上，船只就像戏水池中的橡胶鸭子摇来摆去，实在难以保证。而弹簧和其他金属部件还会受温度冷热的影响，更增大了测试的难度。

啊，实在是太困难了。可你也很清楚，航海者需要精确的钟表，他们不仅要知道时间，还要靠它推测船只在海上的位置。在下一章中我们会看到，时间计量不准有多么的危险。别迟到哟！

错误的时间和地点

　　在海上明确知道自己的位置可还真是个大问题。一旦看不见陆地，除了漂亮的蓝色和"海"这个字眼外，在你的地图上没什么可标示的。所以需要有一种工具告诉你船只的位置。

　　这工具恰巧就是钟表，罗伯特会向你解释如何使用它。我敢说，要不是在家有电脑把他牢牢地拴住的话，罗伯特，我们那讨厌的家伙，更喜欢在他的小游艇中就餐……

跟着罗伯特的思路，你会很容易算出在海中自己到底往东，或往西航行了多远

把表调准。

精确地说，现在是8点零1分35秒。

你开始航行——

太阳正当头是中午，就是12点。

钟表告诉罗伯特离开港口时的时间。

刚才是11点59分。

正当头的太阳说明在罗伯特的小艇上时间是12点。

两个时间的差是1分钟。看来太阳在以每分钟20.1千米*的速度由东往西运行。

我已航行了20.1千米！该吃三明治了……

鱼子酱和卷心菜，太棒了！

★ 对北美、欧洲、亚洲，此值基本准确。

听起来挺简单的，是吧。正如我说的，在那古老的时代，钟表在海上的计时是不准确的，所以尽管发明家们有点儿笨，他们还是想方设法寻求其他的科学方法。

经线测定方法

我们请发明家们来演示一下他们的方案，由罗伯特来评判他们的不足……准备好了吗，伙计们？

1. 望远镜头盔方案

发明人：意大利伟大天才，伽利略·加利雷

日　期：1611年左右

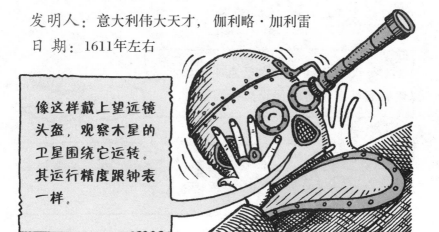

像这样戴上望远镜头盔，观察木星的卫星围绕它运转。其运行精度跟钟表一样。

罗伯特，你怎样看呢？

我想，这主意不错，但我无法确信它是可行的。要知道，船在海上颠簸，要想对准一颗行星是极其困难的。我试过一次，结果把望远镜卡在了我头盔的耳孔里！如若天上有云，那就更不可能了。另外，随行星位置的变化，木星的光线到达地球的时间也是变的，你无法据此校对钟表。不过还算是个迷人的主意！

2. 生物共鸣粉方案

发明人：肯尼姆·迪格毕阁下

日期：1687年

A）像这样，我把一条狗刺伤。

汪汪！

狗的哀鸣

B）把狗送上远航的船，我待在家里。

C）每天中午，我将自己发明的生物共鸣粉撒在家中沾着那狗血的绷带上。

D）狗感到疼痛，就会叫唤。船员们就知道家里是中午了。

汪汪！

过去的8小时内，我翻遍了自己关于时间的所有书籍，查遍了因特网，找寻此种生物共鸣粉。结论是，根本不存在！我想肯定是在愚弄人吧！

作者对读者的紧急警告

不要在家里试验这个方案。

此行为对动物是残忍的，可能被判处长期监禁。

你还可能被狗严重咬伤。

3. 信号船方案

发明人：威廉·惠斯顿和汉弗莱·迪顿

日期：1713年

960千米

960千米

半夜，冲天开炮，射出炮弹，向最邻近的船只发送时间信号。

轰隆隆！

炮弹落下来啦！

在海中每相距960千米泊定一艘船。

噢，亲爱的，亲爱的，亲爱的！我还真没听过如此的胡说八道！我对此曾作过深入研究，发现海洋太深，根本无法泊定船只。而且在恶劣的天气里放炮，既听不到，也看不见。事实将证明，给船提供给养也是极其困难的。我看这主意也有点儿天马行空，胡乱"放炮"，哈哈！

你肯定不知道！

　　1707年，一支英国舰队结束战斗后返航。舰队司令克洛迪斯里·肖维尔阁下正沉浸于胜利的喜悦中。此时，一个水手警告说舰队比舰长认定的方位偏西很多，他们有可能会撞上锡利群岛的礁石。舰长们却坚持己见，司令听信了他们的意见，不仅没有纠正航线，而且还下令处死了那个水手。第二天晚上，舰船果真撞到了锡利群岛的礁石上。船上的一个幸存者讲述了这故事。舰队司令肖维尔挣扎着上了岸，却被一个老妇人所杀，还偷走了他的戒指。

　　3艘舰船沉没，2000人死亡。仅仅因为在海上迷失了方向就葬送了这么多人的性命。而避免这一重大损失的方法却非常简单：只要有一个好的钟表。由于肖维尔等人对时间的无知，大英海军的傲气被深深葬入了海底。

被此海难所震惊，1714年英国议会悬赏20 000英镑，寻求经线测量精度达48.24千米的方法。

重要注释

当时20 000英镑可是一大笔财富。折算成今日货币，合1000万英镑。它可说是科学史中最重的奖赏了。

你肯定不知道！

经线是假想的南北走向的线，在地图上标示你的位置偏西或偏东有多远。

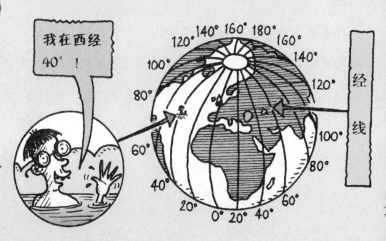

此项悬赏看来不易赢取。正如罗伯特所解释的，当时大家普遍认为那就像要在图钉厂生产气球一样几乎完全不可能。但要制造一台能在海上准确计时的钟表似乎还有那么一点点希望。重赏之下，终于有个人脱颖而出。

可怕的科学名人堂

约翰·哈里森（1693—1776）国籍：英国

还是个孩子的时候，约翰得了场病。为了排遣寂寞，父母在他枕旁放了个表，好让他听到表滴答滴答的走动声。那时候，表还是稀有昂贵的东西。孩子被那奇怪的机器吸引住了。从此，他开始对科学着迷起来了，甚至抄写了整部科学笔记。那就是科学的力量——还会是什么呢？

约翰的爸爸是个木匠，这孩子跟他学了不少手艺。19岁时，约翰制作了他的第一台木钟。那木钟非常精巧，见了的人都夸这年轻人心灵手巧，有天分。约翰的笔记也许就像下面这样……

1726年

真是麻烦的东西！摆锤金属热天胀，冷天缩。两种情况都会改变摆锤长度，不能准确摇摆计时。我和兄弟设计了一种双金属摆锤。膨胀时，两种金属互相制约。设计有效！用新摆锤制成的钟1个月误差才1秒！我意识到，我们真的会有所发现了。

那真是难以置信的成绩。没受过训练，没多少钱，两个年轻人造出了世上最准确的钟！约翰决定小试一把，去赢得那笔关于经线测量的悬赏。可他只有精湛的技能就足够了吗？

约翰用了4年改进他的钟表设计，之后去伦敦见经线理事会——由议会组建，负责评审授奖的委员会。在伦敦，约翰约见了经线理事会的一个领导成员，埃德蒙·哈利（1656—1742）。哈利叫约翰去见乔治·格拉姆——伦敦最好的钟表匠。这个专家对约翰的设计会作何评价呢？

约翰的设计给专家们留下了深刻的印象。约翰与乔治·格拉姆连续交谈了10小时！钟表匠还借现金给这个年轻人继续研制他的钟表。约翰又花了5年时间继续改进。无疑，他的笔记里会记满如下内容……

1735年

太好了，我终于造出来了！它是件杰作，连我自己都不禁自夸起来！我把它叫做"H1"，H当然是我的姓Harrison的缩写！现在我们要做的就是等理事会安排一次航行测试，看它是否适于在海上计时。我嘛，对奖金是志在必得。就我这座钟，得奖只是个时间问题。

哈哈！

我自己的作品

平衡机件，保持钟表在海上的平稳

时、分、秒、日分置表盘

1.22米 × 1.22米

耽搁数月后，理事会将此钟和约翰送上开往葡萄牙里斯本的航程，进行实地测试。下面是约翰写给他夫人伊丽莎白的一封信：

奥夫德（海上）

1736年6月14日

我最亲爱的夫人：

　　现在我在海上，在从葡萄牙返航的途中。我得承认，自己不适应浪尖上的颠簸生活。我不得不强咽晚餐，而且，日日如此。一路上风暴极强，舱内溅满海水。到里斯本时，船长死于热病！我设法上了另一条船才得以逃命。我的钟还挺争气，一直走得不错，至今只差几秒！我们获奖是没问题的了。返程中，我能测出危险的礁石并向船长报了警。好了，我想理事会一定会奖赏我的！

　　很快就见面了！

爱你的丈夫

约翰

他说的对！

船长

　　但理事会说那试验不算数，约翰必须去西印度群岛。可当初为什么又让他去里斯本呢？不管怎么说，约翰实在是太老实了。他说那钟还需改进，于是就开始研制新的。还好，这次理事会事前还是给了他点儿钱。

　　让我们再看看他的笔记吧……

1741年

　　好了，那是场误会，没事儿！我又用了4年时间造出了H2，它比 H2 H1还重！它更加精确，而且能经受高、低温的变化。皇家协会的科学家们还用力晃荡它，借以试验它是否经得住航海考验。

可那对我还远远不够！我知道自己还能干得更好！

　　约翰又开始了新一轮的研究。这次用的时间更长，18年！

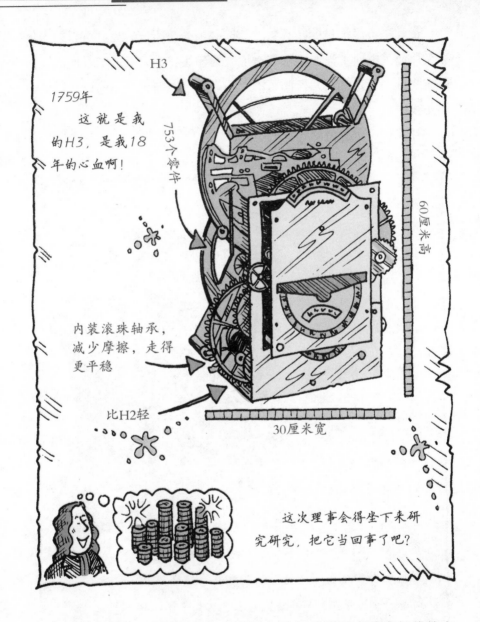

　　此时，理事会正在研究天文学家们提出的用月亮确定经线的方案。此方案要求于特定的日子，在伦敦观察月亮出现并行经特定星星的时间。与此同时，航海者应（用午间校对过的钟）记录下海上的时间，并与伦敦时间相比较。用所得时间差，就可推算出相对伦敦以东或以西的距离。

也许你会认为，这真是复杂得近乎可怕。没错，可理事会的科学家们喜欢这个主意。他们认为，比起使用一只卑微的钟表来，这个主意更具科学性。可约翰却还在忙着做另一只钟表……

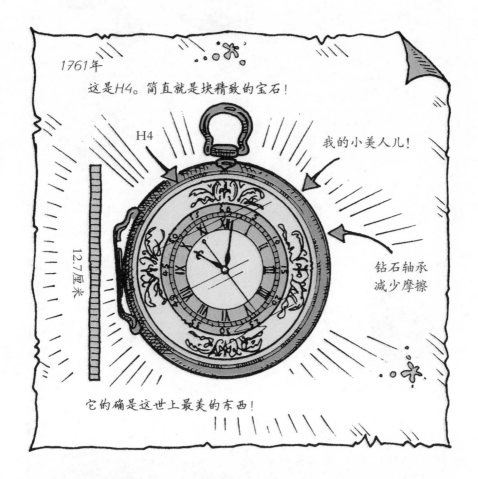

这个钟——"表"，如约翰所称——简直是个奇迹。从没有人见过这种尤物，用这么个小玩意儿就能测出理事会要求的时间精度，这怎么可能？虽然此事并没引起理事会多大的注意，但他们还是同意在去西印度群岛的航行中对约翰的表进行测试。此时，约翰已经太老了，无法出行。于是他将自己一生最珍贵的两样东西——他的表和他的儿子威廉送上了航船。下面是威廉可能会写给父亲的信……

墨林（英国海岸外）

1762年3月26日

亲爱的爸爸：

我刚刚看到了陆地，就要到家啦！

好消息是那表挺好！只有5秒误差，我计算出的西印度群岛的经度的误差小于1.6千米！这可是以赢得奖金了，对吧？

坏消息是我不怎么好。现在我正发烧。海上风浪太大，我不得不用毯子把表包起来，防止弄湿了。反正一切还好。最终你将赢得奖金！老爸，你赢啦！

爱你的威廉

又是个机会！可理事会却又提出了一个新借口，说威廉没有对表进行指定的测试。他不得不将表再一次带回西印度群岛，一切从头再做一次！此次内维尔·马斯克林也一起同行。马斯克林是个天文学家，是对立的月亮方案的支持者。对此次新一轮的测试，报纸可能作过如下报道……

钟表匠的时间

1764年7月

关键的钟
至关重要的航行

哈里森

在对经线测量奖项的长期渴求中，约翰·哈里森开始闻到了成功的气味儿。这个钟表老手骄傲地讲述了他儿子威廉到西印度群岛的第二次航行。在那儿，他的"表"计时近乎完美。

与计时方案作对的内维尔·马斯克林在与威廉同行后，对月亮观测方案进行了修修补补。威廉说"他的意图根本就不在月亮"。

马斯克林

为赢得奖金，约翰·哈里森已竭尽所能，但理事会就是拖着不办。这实在是太令人沮丧了。更糟的是，因跟威廉一起航行而时来运转的内维尔·马斯克林却成了皇家天文学家——英国顶级的天文学家，并加入了理事会。他会对约翰报复吗？下面又是约翰的笔记……

1766年

用了40年，我试图赢得这笔奖金。我得用6天时间向专家们解释我的表是如何工作的。他们接着拿走了我的表，让我凭记忆再做个新的。现在，也就是今早，马斯克林又带

着一伙人来了，拿走了我其他的表，说理事会要检验它们。当工人们粗野的手碰到那些精美的木匣时，我连怕带怒，浑身发抖。

一个呆笨的家伙把我的"H1"丢到了水槽里。随着可怕刺耳的响声，那钟成了碎片儿。我痛心地看到自己40年的成果就

那样被扔在破车后颠簸摇曳。我不得不就此住笔！抱歉，我的泪水弄湿了……对此，我想，到死我都会痛心不已。

此时约翰已年近古稀，腿脚不好使，眼睛昏花。支撑他活下去的唯一希望就是有一天正义能得以伸张。但马斯克林坚持说那钟表计时不准。怪了，那些海上试验本来都是好好的呀！同时，这个天文学家大肆吹嘘说自己的月亮位置图很好地解决了经线测量的问题。

约翰·哈里森的梦想就此结束了吗？

完美的结局

约翰已经74岁了，没多少时间了，不想再拖下去了。

你认为他的故事会如何结束？

就让我们来看看吧！

威廉在城堡中晋见了乔治国王，向陛下讲述了父亲为获得回报而作的漫长斗争。令他吃惊的是，国王竟对科学和钟表也感兴趣，对一些事实已有所耳闻，但他对约翰所受的如此不公的待遇仍无法相信。

威廉讲完故事，陛下已经动容，转过身去喃喃自语道："他们对他也太残忍了。"

国王许诺要纠正错误，下令重做一系列测验。那表计时几乎完美。1773年6月，议会通过法令，奖励给约翰丰厚的现金奖赏。

约翰那时已是80岁的老人，就快走完一生了。他没有看到基于他的设计的钟被装到全世界的船只上，他也不知道这些钟救了多少人的性命。

如今，成百上千的人到格林威治海事博物馆瞻仰约翰的钟。约翰被誉为最伟大的钟表匠。

从那以后，斗转星移，我们也得与时俱进了。让我们赶上时势，看看在现代，时间是如何被测量的……

准备好为奇妙的事情惊叹不已吧！

准确计时

　　制造能帮你确定位置的钟表的历史才刚刚开始。如今，在全世界已经实现了时区制，还编制了时区图，时间测量已经达到十亿分之一秒的超级精度。像24小时钟表这类与时间相关的闪亮新发明，成箩成筐地不断涌现。

可怕的令人糊涂的24小时计时

　　你能想出24小时计时有什么意义吗？也许你会说，不就是把下午5点叫做17点，诸如此类吗？如果你认为它确实没有什么意思，那你想不想知道是谁搞出这个？

　　好了，这个人来了：桑福德·弗莱明，伟大的时间专家。1876年，就在爱尔兰班多安火车站的月台上，他实现了一生中最伟大的发明！那天因为急于赶一趟至关重要的火车，他提早3小时就到了车站。还是留出足够的时间让他自己发现那可怕的真相吧……

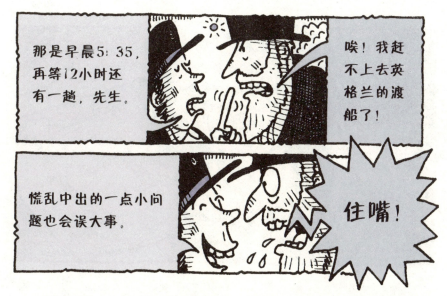

在接下来12小时漫长的等待里，桑福德试图找出妥善的办法以避免今后再发生此类令人恼怒的误会。他简单的解决方案就是24小时钟——能明确表示出是上午还是下午时间的钟（如果你能看明白的话）。

如果你认为桑福德一生最大的贡献仅仅是发明了24小时钟，就未免有些短视了，它的发明……实际上，他的贡献远远，远远，远远大得多。所以，他才能跻身于我们《可怕的科学》丛书……

可怕的科学名人堂

桑福德·弗莱明（1827—1915）国籍：加拿大（苏格兰出生）

船被排山倒海的巨浪掀扯着，就地抛起来又重重地摔下去，被吓坏了的旅客们互相拥抱着，祈祷着。此时，在摇晃的甲板上，被冰冻的飞沫刺痛着脸，被猛烈的海风拖拽着外衣，一个年轻的科学家正平静地测量着风向和风速。

看来年轻的桑福德·弗莱明离开家乡闯荡加拿大的梦想还没开始就要结束了。他把信封在一个瓶子里，扔进大海，希望在某个地方能有人发现它，转交给他的家人。弗莱明的愿望还真的实现了。几个月后，弗莱明家获知儿子死于海上风暴的噩耗。

可他还活着！

最后一刻，海浪平静了下来，船最终抵达加拿大。年轻的桑福德开始向名利攀登，成了顶级的铁路策划人。他成功的秘诀是什么？也许是他的天分！桑福德擅长从事勘测员（测绘铁路线路的人）的工作，同时他还是个天才的艺术家，他设计了加拿大的第一枚邮票。

　　桑福德实在是个充满活力的家伙，他从来没有停止过工作。他先后加入过70个科学社团。乘船时，为了保持健康，他每天要绕甲板走4.8千米。后来，他参与了跨太平洋电报电缆的铺设工程。

　　我想，桑福德成功的秘诀是懂得如何处理时间。他知道怎样最好地利用时间。他的观念就是一秒钟也不能浪费。即使不工作时，他也还在练习绘图，设计新的旱冰鞋，撰写关于岩石的文章。乘船时，只要不走路锻炼，他就在为其他乘客编写报纸。

　　看来时间在我们的老伙计桑福德眼中是极其珍贵的。这就是为什么他对在火车站被困12小时如此的恼火的原因，这也正是他肯花时间去认真琢磨那些令人叫绝的主意的源源动力。

及时的时区概念

　　桑福德开始考虑，根据地球自转的情况，世界应划分出时区。他用两年时间策划出了每个细节。根据他的设计，世界将划出24个时区，每个时区应覆盖360°经度中的15°，或太阳通过天空时间的1小时。在同一时区内，所有的地方都采用同一时间。

时区的确是个伟大的概念。之所以伟大，是因为它与那又大、又脏，还气喘吁吁的老家伙——蒸汽火车紧密相关。在有时区概念前，乘火车旅行就像给蚊子剪脚指甲一样复杂。想想看，如果那时有电视的话，关于乘火车旅行的电视节目会是怎样的呢？

时区制推动了铁路公司火车的准时运行。另外，还能计算出其他国家的时间，这样人们就可以通过电报（后来是电话）与国外做生意了。最终，在1884年，就零度线和日期起始地的意见统一后，桑福德的时区概念为世界各主要国家所普遍接受。

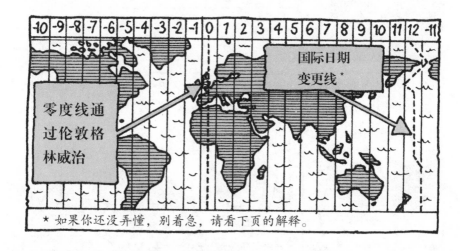

时区概念的运作方式为：零度线通过伦敦格林威治。从格林威治往东，每个时区依次提前1小时。从格林威治向西，每个时区依次晚1小时。

　　到了国际日期变更线，那才叫人费解呢。该线在格林威治以西180°，位于太平洋中间。从此线西行，较格林威治时间早12小时，东行，晚12小时。如此就出现了一个有趣的问题，即日期变更线上是什么日期？同时会是两天吗？我们派罗伯特和他的小艇（耗资不菲）前去调查。

格林威治时间是午夜。星期一刚刚开始。

国际日期变更线

北
西　东

此刻是星期天中午12点。

我乘小艇向东划过国际日期变更线。

变更线

东

现在是星期一中午12点——早格林威治时间12个小时。

我看我还是划回昨天吧！

好了，哥们儿，答案是：在日期变更线上同时存在间隔24小时的两天。这就是为什么人们叫它为"日期变更线"！

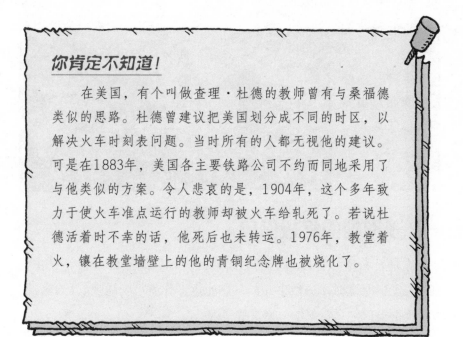

你肯定不知道！

在美国，有个叫做查理·杜德的教师曾有与桑福德类似的思路。杜德曾建议把美国划分成不同的时区，以解决火车时刻表问题。当时所有的人都无视他的建议。可是在1883年，美国各主要铁路公司不约而同地采用了与他类似的方案。令人悲哀的是，1904年，这个多年致力于使火车准点运行的教师却被火车给轧死了。若说杜德活着时不幸的话，他死后也未转运。1976年，教堂着火，镶在教堂墙壁上的他的青铜纪念牌也被烧化了。

关于时区的离奇怪异的真相

1. 为了绕过陆地，国际日期变更线实际上是蜿蜒曲折的。地图上标示出的一处弯曲是为了绕过夏威夷岛附近的莫勒尔岛和拜尔斯岛，后来人们才发现，它们根本就不存在。纯粹是绘制地图的人搞错了！

2. 在美国，曾出现过有些城镇拒绝加入某个时区的现象。底特律就靠近一条分时线，到底加入哪个时区曾一直没有定论。也就是说那儿的时间变个不停。

3. 1852年，英国将当地时间转换成基于格林威治皇家天文台的时间。失去当地时间使许多人不快，争端纷起。

在伯明翰，科学家亚伯拉罕·奥斯勒曾在无人看见时把公共钟调定为伦敦时间。在布里斯托尔，有个老年市议员，就是不接受新时间，数年中坚持凡事迟到14分钟。

再等等，他坚持晚点儿出席自己的葬礼！

一辈子迟到的终极借口

你是否希望尽管迟到了也不被处罚？好，设想你可到处懒散地闲逛，觉得愿意时才去做事儿！只要愿意，你就可晚睡晚起！有兴趣吗？读下去！你只要莞尔一笑，解释说：

我用的是当地时间。你知道，它比官方时间晚那么一点点儿。

极端重要紧急的科学声明

如此说法会导致进一步的询问乃至拷问，

为此你要知晓什么是当地时间。

当地时间是根据太阳在天空中位置所指示的时间，

它全然不同于大家遵从的时区时间。

你敢试一试——计算你那儿的当地时间吗？

你所需要的是：

▶ 标有时区的地图

▶ 一把尺子

▶ 一个小计算器

你要做的是：

▶ 找出你所在时区的西部边界。

▶ 找出你所在的地理位置。

▶ 用尺子量出向西到时区边界的距离。用计算器根据地图的比例尺计算出其实际距离。

你会发现：

如你所知（见第63页），太阳在空中看来以固定速度移动。你要做的就是将上述距离（单位：千米）除以20.1，就会得到你所处当地时间滞后于官方标准时间的分钟数。这就是容许你迟到的分钟数。 值得一试，对吧？

噢，等等，看来罗伯特回来了，有什么事吗？

如果你想计算精确，告诉你，太阳每秒钟移动335.28米。

我站在足球场西侧，此处当地时间滞后于球场东侧0.22秒。嗯，很有趣！

坐下！别捣乱！

出版商给教师的重要通知

对于此书使小读者上课迟到却抱怨教室里的时钟不准的行为而导致的不便，我们谨表歉意。对此负有责任的作者已经躲藏了起来。

任何迟到了
而可能不会被处罚的人须知

我们刚刚听说，教师们决定，如若当地时间迟于钟表时间，则上课时间可晚于钟表指示时间。

最新消息

刚刚收到的消息说，现在孩子们认为，放学回家时，钟表时间是极其准确的……

好啦，我看从藏身的地方爬出来应该是安全的了。我只是想说，有一流的钟表帮助，如今我们对（时区以及当地）时间的测量已是非常精确的了。即便你手腕上戴的那不起眼儿的手表也是个小小的奇迹。

注意！

石英表是靠电池提供电力并通过一小块儿人造石英工作的（石英是一种矿石）。

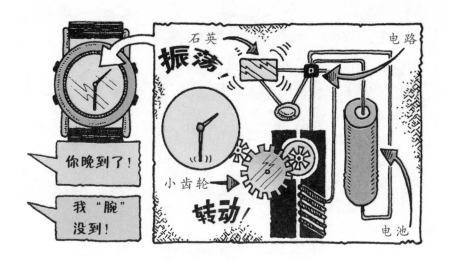

石英以每秒425万次的固定频率振荡。用石英测量时间，并产生电脉冲控制小马达带动表的指针移动。

你肯定不知道！

你戴的手表中的石英振荡会发出高频鸣音。如果你的耳朵敏感得足以听到它的话，你会被逼疯的。

下面，我们小憩片刻。不要走开，我们马上就回来。

没关系,你可以将其列入自己想要的圣诞礼物清单中。

此时，我想我能猜出你在想什么。你肯定在想我们毕竟有了表，有了时区，每个人都确切知道现在是几点！

噢，不——

不？

是啊，对一天有24小时，你已略有所知，可那也不完全正确……

你肯定不知道！

由于海潮的拖拽作用，地球自转的速度正在变缓。这就使得每天的时间比前一天要多出0.00000002秒！这是否能解释为什么每个星期五下午总被拖得那么长？这是否意味着，即便人们在正确的年份庆祝了新世纪的到来，可我们燃放焰火和点响爆竹的时刻也许还是错的？

嘘！嘘！你算错了庆典的日子！年轻人！回家去！

庆幸的是，当今世上有了不起的科学手段，帮助我们测到那小小的百万分之几秒，并准确计时，绝无异议。实际上几千年才有1秒误差！

那高明的仪器就是原子钟。

令人敬畏的原子钟

原子钟工作原理如下：

在爷爷辈，用重锤的摆动测量时间，原子钟用铯原子的振荡测量时间。

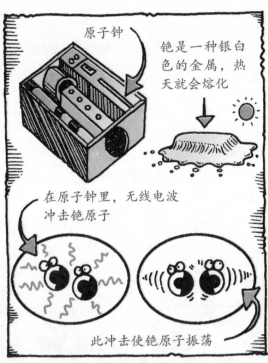

原子钟

铯是一种银白色的金属，热天就会熔化

在原子钟里，无线电波冲击铯原子

此冲击使铯原子振荡

1948年，美国科学家发明了原子钟，并在美国和英国投入生产。这确实是个伟大的成就。1967年，世界各国同意将时间的计量建立在铯原子振荡的基础上。

今天，1秒被大家公认为9 192 631 770次铯振荡，而1小时大概为33 093 474 370 000次（大概33万亿次）铯振荡（如果你碰巧是在雨中等火车，那会显得还长点儿）。在总部设在巴黎的国际计量局的协调下，现在的时间是由分布于世界范围内的50台铯钟组成的系统计量的。这就好比测量地球到月球距离的误差达到人发粗细的精度一样。印象深刻——嗯？

此精度远大于地球在宇宙中永不变化地运转的误差精度。为了使标准时间与地球的运转保持一致，可多加上1秒，或叫"闰"秒。是吧？罗伯特？

是的，确实！据计算，每过几年就有一天有86 401秒，而非86 400秒。多出整整1秒！值得庆祝吧！

现在，我们确实已经不按照地球在宇宙中自转的情况来测量时间了，更多的是用从不静止的原子运动来测量。你也许会问，除了罗伯特外，有谁想要将时间测量精度提高到几乎十亿分之一秒？有，科学家们要！科学所研究的就是测量的准确，这也包括对时间的测量。在第101页，你会发现，在有关时间的实验中，计时精度的要求是非常、非常高的。

飞机上的巡航系统也需要精确计时。十亿分之一秒的误差就意味着飞机偏离航线30厘米。如果真是这样，你就有可能降落在爬满鳄鱼的沼泽中，而非跑道上！

抓紧！该着陆了！

下次飞行时，你最好希望铯原子振荡计时绝对准确。

你肯定不知道！

2001年，美国科学家创造了用光波测量时间的钟。其精度达到每1500万年误差1秒。有了这种钟，鳄鱼可要挨饿了。

就是这样……

由于不倦振荡的原子，我们能精确测量时间。就像一条小溪，时间总是以同一速度流过。我们调校手表后，不必担心时间会慢下来。不对！罗伯特或许会说……

那可不一定！

你看，某个科学超级明星，此人我们已经见过，戏剧性地发现已经将一切又推回到要做初始研究的状态。事实上，时间的确能慢下来。一切取决于你的移动速度有多快……

如果你感到费解，在下一章中，你就一定要把自己的脑细胞负荷调定在超载挡位……

好啦，扣好你的安全带！

可怕而快速的 时间

正如我刚刚说的，时间行进的速率取决于你的速度。是谁发现了这一难以置信的理论？当然是阿尔伯特·爱因斯坦。

想弄明白爱因斯坦所要表达的意思，我们就得说说他的狭义相对论。如果你想我是在说"行侠仗义的特殊理论"，那你可真的需要将此书好好地读下去了。阿尔伯特是在1905年"梦"到这个理论的，那年他证明了原子的存在。

等等！我刚听说咱们的老伙计格扎兹正在试验爱因斯坦的理论！我们马上就知道他到底经历了些什么。不过有个词儿我还得解释一下……

好奇怪的说法

科学家说：

> 无知，你真无知！我们用质量测量构成某种东西的物质的量。记住，某种东西若质量很多的话，那它的体积一般会是挺大块头的……

你会发现，要理解时间和空间，质量是个至关重要的概念。

格扎兹在时间旅行中失踪！

无畏的侦探格扎兹正从出错的时间旅行中恢复过来。那晚他突然醒来……

我知道有人陪着教授——而那人并没得到邀请。教授睡觉爱打呼噜，对此，我觉得自己还能对付。我蹑手蹑脚进到实验室。教授的哑巴猫跟着我。可除了我俩，还有人。一个带触手的小绿家伙在时间机器周围窥视着。后来他用激光枪击毁了那机器。

我知道他绝不是平常那种微不足道的小流氓，可我还是决定跟他"酷酷"地玩一遭。"嘿，小家伙，"我轻声说道，"你不是上错星球了吧？"

我估计这个ET（外星人）不喜欢我的语调。还没反应过来，我就被他用激光枪给撂倒了。后来我只约略地记得自己到了他的飞船中。更糟的是，那笨蛋把那猫也给绑架了！

醒来时，我们已在太空中了。天是如此浩大，如此黑暗。星星在那儿闪闪烁烁，我还从没见过这么多星星。地球显得如此之小。

此时，那短命的猫正舔着它的屁股，挠着痒。那小绿家伙说他是奥德布罗巴，来自布勒巴星球，受命来摧毁时间机器，因为人类不能明智地利用此项技术。

对此，我很是反感……

"现在你听着，聪明的家伙！"我突然喊道，"那边那只笨猫可能如你所说是愚蠢的。我可跟你们外星人一样聪明！"

奥德布罗巴略有所思，说我若真如自己所说的那样聪明，就应该知道名叫爱因斯坦的那家伙发现的关于时间和空间的简单规律……

"我们飞船前激光灯射出的光速是多少？"那小家伙问道。

我恰好不知道。沉思了一会儿，觉得最好还是装得聪明点，就回答道："哈哈，狡猾的问题！就是光速加上我们飞船的速度。"

那外星人没给我好脸色看。"不折不扣的傻瓜！"他冷笑道，"还等于光速！无论你移动多快，光速不变。阿尔伯特·爱因斯坦应告诉过你的！"

科学注释

光速约为每秒30万千米。那意味着一秒钟内，一束光可绕地球跑7圈还多。

此时我有点儿发狂了，开始叫喊："嘿，伙计，我从没听说过什么爱因斯坦！"

奥德布罗巴根本就不在乎。接下来发生的事令我翻肠倒肚。

"爱因斯坦曾预言过，以光速的75%的速度旅行会有什么结果。"他恶狠狠地说，同时加大了发动机的马力。

情况极糟。我有运动病，可此时已无处可逃，就成了牺牲品。飞船向前射出，星星纷纷扑面袭来。我知道是加速了。我的肠胃也知道。该死的，就连那猫看来也感觉不好。

"在此速度下，我们的飞船看上去好像变短了。" 奥德布罗巴一边说一边在显示屏上展示出图像。

"可我们的质量增加了。"他补充道。

真是难以理解！

科学注释

在地球引力的作用下，我们可以用重量计量质量。

那外星人滔滔不绝，还在屏幕上播放在地球上教授家的钟表图像给我看。他那绿脸上露出得意的神情。而我的脸却因为另一原因也变绿了。

"与你们地球的原始钟表相比，我们布勒巴星球的超精确计时装置慢了下来。"

只有外星人才能看懂那玩意儿！教授家的钟表指针的转动在加速。而我自己还有运动病……

"你们有晕车呕吐袋吗？"我气呼呼地问。可那外星人还继续讲他的科学："你们没注意到吗？一切都慢了下来。我的两个大脑和你那一个原始大脑的工作都慢了下来。如果地球上能听到你说话，你的声音就像：慢—下—来—并—低—沉—下—去。"

我用手捂着嘴，开始慢慢地出汗。

"我再也忍不住啦！"我警告说。

噢，多么原汁原味儿啊！

呕吐慢动作

哦，不！看来罗伯特不太喜欢这个故事……

没有任何证据说明有外星人存在。至于外星人造访地球——那是不可能的，那只是科幻小说中的情节。

OK，罗伯特，科学家是不相信外星人曾造访地球的。但他们认为在我们的星系里有如此众多的星球，某处必有生命。我要补充说明，当你快速行进时时间会变慢，这可是真的，科学家们已证实了！

你能成为爱因斯坦吗？——第1部分

你能预见下述试验的结果吗？

1. μ介子是细小的物质微粒，存在时间不超过二百万分之一秒。当科学家们在实验室中把它们造出来时，你想会发生什么？

a）它们运动越快，存在时间越短。

b）它们运动越快，存在时间越长。

c）它们运动越慢，存在时间越长。

2. 1971年，两个美国科学家把原子钟带上环球飞行的飞机。他们发现了什么？

a）起飞半小时后他们降落了。

b）在空中飞行时，时间实际上慢了一点儿。

c）在空中飞行时，时间实际上快了一点儿。

答 案

两个答案都是b。它们都是在高速运动下时间放慢的结果。科学家称此效应为"时间膨胀"。

1. 1978年，当科学家们以近似光速撞击它们时，μ介子存在时间长达以前的29倍。当来自太空的宇宙射线轰击地球上空20千米处的空气中的原子时，μ介子会自然释放出来。

2. 相对于地面的原子钟，时间每秒会慢多达2 730亿分之一秒。那意味着当科学家们着陆时，他们迈进了超前飞行时间2 730亿分之一的未来时代。

"那有什么了不起！"听到你呼喊，我并不惊奇。还不算多，是吧？可你知道吗？飞机的速度还只是光速的百万分之一。即便你一生都在飞机上嗖嗖地飞，也只不过会比你待在地上多活1毫秒。

提起精神！即使不离开地面，你也能做时间旅行——实际上你是被迫旅行。

你、我，还有你的宠物猫，是如何成为时间旅行者的

由于时间膨胀效应，你、我、你的猫和宠物金鱼，还有地球上的每个人，都是时间旅行者！真的！就在此刻，地球嗖嗖地环绕太阳飞过太空，太阳和地球又飞快地绕银河系飞行，而我们的银河系又在友邻的星系群中飞行。头给搞晕了吧？

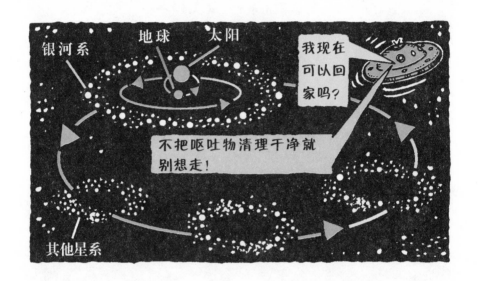

我们毕竟仅以每秒350千米的速度运行。对于光速来说，只是一个小数。不过那已足以使地球上的每一秒比其应有的延长1毫秒。那意味着，如果你从一个运行缓慢的无聊的星球来到地球上过日子，回家时，你会进入到未来的40分钟里去。

稍停一下，整理整理你的思路……我们已经探讨了快速运动如何能使时间变慢。但是爱因斯坦的狭义相对论继续改变着科学家们看待时间的整个方式。在下一章里，我们也会改变自己的观点。

令人恍惚的时空

你是否记得我开始时是怎么说的？时间有点儿像洋葱头。这本书就是要层层剥开那葱头，去探索时间到底是什么。

好了，我们就要到达洋葱的芯儿了（不过现在还不要下锅煎炒）。此书开始变得令人精神压抑，头昏脑涨（我可是已经提醒过你的）！

令人绞尽脑汁的时空

你听说过空间吗？你听说过时间吗？好了，在这一章里我们不讲空间和时间，因为实际上空间和时间是并存的，就像脚趾和脚踝一样。对了，哥们儿，它们属于同一事物！科学家们叫它"时空"。要读懂以下几页关于时间和空间的内容，你必须充分调动你大脑里的每一个细胞……

如何让你的头脑在3节（较）轻松的课程里弄明白"时空"

1. 你知道，我们的世界有3个维度（或三维空间），即：上下、左右和前后。

在下面，为了更好地加以解释，我们的插图画家画了条三维狗。谢谢，托尼！

2. 在时空中，你必须把时间想象为空间的第四维（或方向）。科学家们画了张特别的示意图，显示你在时空中的位置。

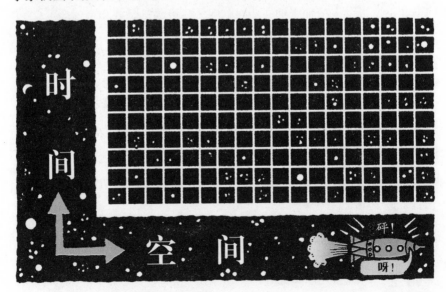

3. 现在，时空的整个问题在于，制订太空行程计划，你必须知道自己在空间和时间里的位置。

下面是来自怕怕号飞船斯莫克船长的航行记录，它可以说明时空是如何作用的。

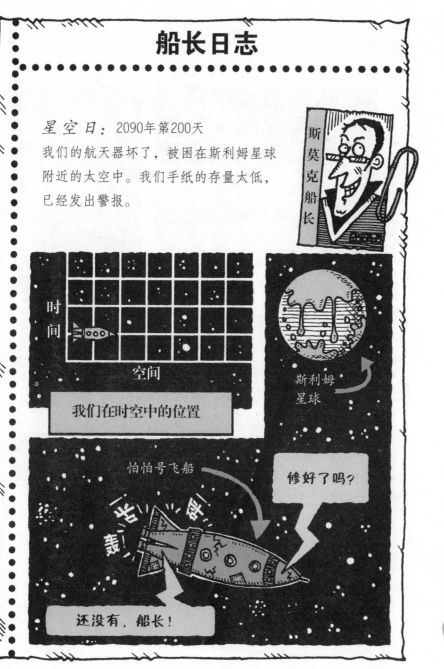

船长日志

星空日：2090年第200天

我们的航天器坏了，被困在斯利姆星球附近的太空中。我们手纸的存量太低，已经发出警报。

斯莫克船长

时间

空间

我们在时空中的位置

斯利姆星球

怕怕号飞船

修好了吗？

还没有，船长！

105

船长日志

星空日： 2090年第201天

我们还在修理发动机。

作者简注

读者朋友们，注意到了吗？飞船在时间维度里运行了一天，但在空间维度里却没有动，因为它还没修好。

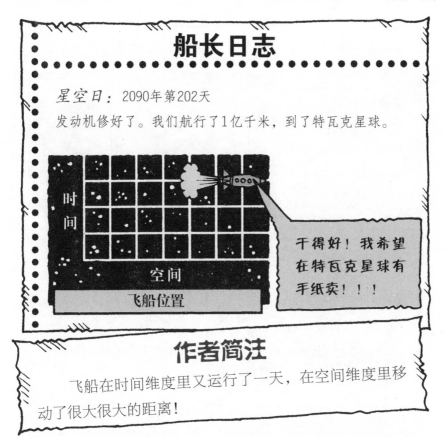

船长日志

星空日：2090年第202天

发动机修好了。我们航行了1亿千米，到了特瓦克星球。

时间

空间

飞船位置

干得好！我希望在特瓦克星球有手纸卖！！！

作者简注

飞船在时间维度里又运行了一天，在空间维度里移动了很大很大的距离！

你也许奇怪我是从哪儿弄出个时空概念来的。噢，我还真希望你问。其实这个时空概念来自阿尔伯特·爱因斯坦的数学老师！在观众错过的电视节目中他曾出现过，——许久以前他就故去了。

故去的才智者

赫尔曼·闵可夫斯基（1864—1909）

我们与阿尔伯特·爱因斯坦的已故大学数学老师——一个智者——现场连线。

呻吟！

愿他安息 赫尔曼 闵可夫斯基 （1864—1909）

现场直播

死后你一直在干什么？

愿他安息
赫尔曼·
闵可夫斯基
（1864—1909）

大部分时间在做园艺。

我不知道您还喜欢园艺。

我不喜欢，可我正在顶起这些雏菊！

愿他安息
赫尔曼·
闵可夫斯基
（1864—1909）

阿尔伯特的数学成绩如何？

我活着的时候就说过，他是条懒狗，一点儿也不愿意学数学！

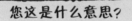

您这是什么意思？

他从不上数学课。

那他是怎么通过考试的呢？

骗！

我相信他准是抄朋友的听课笔记来着。

给小读者的重要说明

不要以为数学课旷课，抄朋友的作业，会使你成为天才！

你是如何发现时空的？

读了爱因斯坦的狭义相对论后，我意识到对快速运动时时间变慢的最好解释就是，时间和空间属同一事物。

还记得1908年时您说过什么吗？

我说过："从此以后，独自的空间和独自的时间注定都将隐退，只有它们二者的结合体会作为独立的实体继续存在。"

噢！您那著名的学生最近没问候过您吗？

这是你的数学家庭作业，懒狗！

　　讲到爱因斯坦的狭义相对论的形成，话可就长了。那时他还只是一个小职员。1907年，他辞去了一份不挣钱的教书工作。第二年，他又来到一所学校讲授科学，可只有3个学生来听课！不过也好，他能够潜心研究那可怕的数学了。

　　狭义相对论研究的是关于高速运动时发生的现象，没有涉及地心引力。目前阿尔伯特正研究一种理论，将时空和重力结合起来。这理论比听起来的可要复杂多了……

首先，数学推导要比阿尔伯特想象的更难，那些数学课他真的不该旷！与那些残忍的数字打了几年交道后，他不得不承认：

在绝望中，他写信给他的朋友马塞尔·格罗斯曼求助。对了，就是让他抄数学笔记的那个朋友。

有了马塞尔在数学方面的帮助，阿尔伯特认识到重力的产生是由于时空被拉向某个物体。找到啦！阿尔伯特终于得出了他最伟大的科学发现——相对论……

爱因斯坦的可怕的笑话

与其他科学家不同的是，阿尔伯特非常具有幽默感。1949年，他曾说过："当你坐在红热的煤炭上时，一秒钟就如同一小时。那就是相对论。"

我不建议热衷于时间旅行的读者们做此试验。它与相对论毫不相干。与你下面读到的好像倒还有点儿关系。

可怕的时间真相档案

名 称：爱因斯坦的相对论

基本事实：

1. 1915年前，爱因斯坦就证明了，具有质量的物体将时空拖拽向它本身，就像睡在你床上的猫，把你的被子压出个坑一样。

找出不同之处

时空   睡觉时

2. 说你和你的猫拖拽了一丁点儿时空，那也不假。不过要得到实实在在的拖拽力，则必须有非常非常多的物质，比如说，地球。

3. 所有飞经的航天器，都会被时空的弯曲拖拽向地

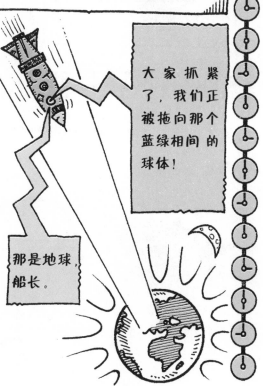

大家抓紧了，我们正被拖向那个蓝绿相间的球体！

那是地球，船长。

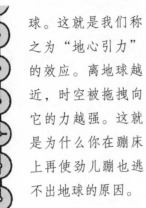

球。这就是我们称之为"地心引力"的效应。离地球越近，时空被拖拽向它的力越强。这就是为什么你在蹦床上再使劲儿蹦也逃不出地球的原因。

我总说——我需要合适的火箭！

可怕的细节：

太空中具有极大质量的某些物体若被压缩到一个小范围内，则对时空会产生极大的拖拽力，任何离它太近的物体都会被拽成小碎块儿（第126页附有可怕的细节）。

啊呀！！！

你敢试一试——时空是如何被质量所弯曲的吗？

你需要的是：

一个装蔬菜的塑料网袋

一个乒乓球

有沿儿、可固定塑料网的大碗

一个皮球

剪刀

大号橡皮筋

你要做的是：

1. 将网袋割开（小读者需要帮助）。

2. 将塑料网盖在碗顶（当做时空）。

3. 用橡皮筋勒紧。

4. 把皮球放在网上。取下皮球，再放上乒乓球。

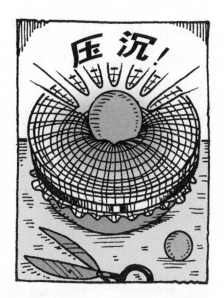

你应注意到：

皮球具有较大的质量，在你的时空网上压出的坑就比较陡深。而乒乓球形成的坑则比较浅而且缓。把两个球都放在网上，设想它们是两个星球，它们被拖拽到一起，会造成可怕的星球间的灾难！

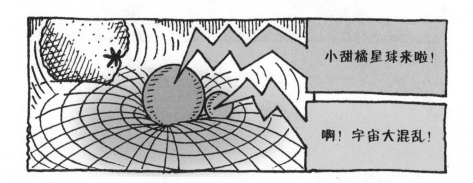

减缓时间的重力

此效应的结果之一就是：对于具有大质量的某物体，像地球，你越靠近它，它把时间弄得就越慢。听起来怪诞，但科学家们再次设计出实验，证明爱因斯坦是正确的……

你能成为爱因斯坦吗？——第2部分

下面的实验中哪个证明了广义相对论，哪个是凑数的、捣乱的、什么也证明不了的？

a）钟表在月球上走得比在地球上快。

b）1999年，杜东大学的巴里·安特雷在山顶小屋里待了3个月后，在他的原子钟上把新一年的到来推迟了3毫秒。

c）1975年，马里兰大学的卡洛·阿雷投入巨资，带着一个原子钟飞上9千米高空进行测试。他发现，在此高度上时间快十亿分之几小时。

答案

a）和c）证明了此理论，因为它们显示当地心引力变弱时，时间过得快。

b）是凑数的。山顶的地心引力是弱一点儿，时间会过得快一点点儿。这意味着，如果住在山顶，你的生命会比住在海边儿差那么几分之一秒。

这就是为什么重力会使时间慢下来。重力的拖拽实际上也掠夺光的一些能量。奔跑上6层楼梯，你就可以证明这个事实。

当努力克服地心引力时，你会发现自己也在失去能量。现在设想自己在往下看一个巨大的星球。当光从那星球的表面奋力射出时，那里发生的事情似乎都慢了些。

物体具有的物质越多，时间过得越慢。如果你能在太阳上生存一周的话，那你会比待在家里年轻一秒钟。告诉你，在太阳中生存的机会可比微波炉中受烘烤的巧克力糖块还小。

宇宙中存在某些物质，具有极大的引力，甚至可使时间停止走动！我是在说空间的黑洞。一位患有厌食症的科学家曾预言了其粉碎一切的力量……

可怕的科学名人堂

卡尔·史瓦西（1873—1916）　国籍：德国

卡尔是5个孩子中的老大，是个快乐的小伙子（有4个招人烦的弟弟还乐得起来，真怪）。他妈妈是个乐天派，他爸爸工作极卖力气。一家人省吃俭用，日子过得还可以。

与家人不同，卡尔喜欢艺术和音乐，后来喜欢上了科学。他省下零花钱，买了架望远镜。

他最好的朋友、爸爸同事的儿子，恰巧是个天文学家。不久，卡尔就疯狂地迷上了天文和数学，16岁时，开始写科学论文。

完成了在斯特拉斯堡和慕尼黑大学的学习后，卡尔成了一名教授，从事根据照片测量星星亮度的工作。他的爱好都挺危险，他最喜欢的是热气球、登山和滑雪——可都还没要他的命。他是德国顶尖的天文学家之一。要不是战争，他真的会很了不起。

1914年，德国与俄国、法国和英国交战，极端爱国的卡尔参了军。那时他已过了参军的年龄，可这并没有妨碍他。军队利用他的才能，让他计算大炮如何瞄准远距离目标，杀伤更多的人。到俄国时，卡尔遇到了麻烦。在那儿，他患上了严重的皮肤病，浑身长满大水疱，皮肤溃烂。

为了将注意力从那些脓包上转移开，卡尔读了爱因斯坦的相对论，并开始有了些想法。

这儿是他可能写给爱因斯坦的一封信——

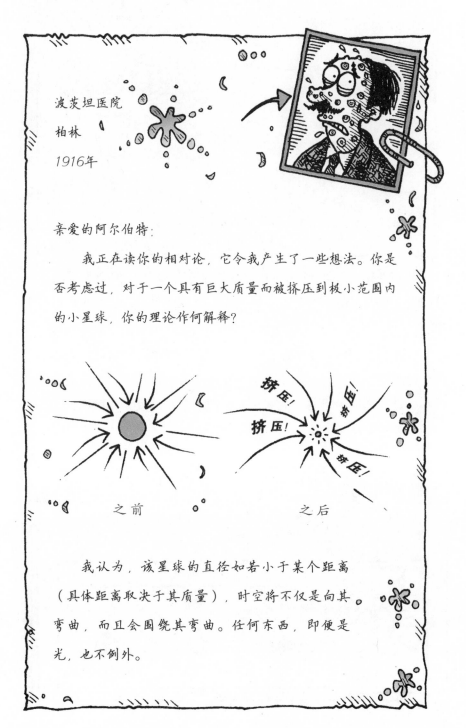

波茨坦医院

柏林

1916年

亲爱的阿尔伯特：

　　我正在读你的相对论，它令我产生了一些想法。你是否考虑过，对于一个具有巨大质量而被挤压到极小范围内的小星球，你的理论作何解释？

挤压！　挤压！

挤压！　挤压！

之前　　　　　　　　　　之后

　　我认为，该星球的直径如若小于某个距离（具体距离取决于其质量），时空将不仅是向其弯曲，而且会围绕其弯曲。任何东西，即便是光，也不例外。

117

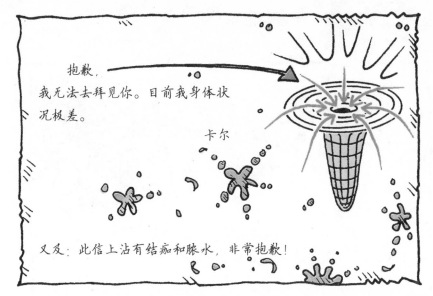

抱歉, 我无法去拜见你。目前我身体状况极差。

卡尔

又及: 此信上沾有结痂和脓水, 非常抱歉!

爱因斯坦在一次科学会议上宣读了卡尔的信, 但大多数科学家不同意卡尔的见解。为什么要同意呢? 星球捕光, 这概念听起来傻乎乎的。

4个月后, 年仅42岁的卡尔不幸病逝。如今我们知道, 卡尔预言的星球的确存在。它们就是黑洞。在自身重力作用下, 星球被压缩成微小一点, 形成了黑洞。后来, 人们把一个物体成为黑洞所需达到的半径称为"史瓦西半径", 以示对卡尔的敬意。

你肯定不知道!

1. 如果地球能被挤压到史瓦西半径, 那它的体积大小将是:

救命啊!

挤压后地球的体积如同:

0.88厘米　　一只苍蝇　　一颗坚果　　一块土块

此时，地球将变成一个黑洞！如果将太阳直径挤压到2.9千米，它也会变成黑洞。如果你有兴致制造一个巨大的黑洞的话，只需将500个太阳大小的星球塞进太阳系就能办到。

2. 准备好，别吓着，也别整天想着这事儿。科学家们认为，在我们星系的中央，有一个巨大的黑洞！这个黑洞的直径有112.5亿千米！在你找到火箭仓皇逃命之前我要告诉你，那是个行为良好的大肥黑洞，只吃靠近它的星球，现在正平静地打着瞌睡，就像只吃饱了晚餐在那儿打盹儿的猫。

有趣的是，如果能走近黑洞，我们也许能发现到未来旅行的秘密。带着这一令人惊恐的建议，我们该小心地踏入下一章了。顺便说一下，那是关于时间旅行的。我忽然预感到格扎兹和那只聋猫蒂德尔斯可能会驶向黑洞！他们会走上不归路吗？

新手的时间旅行

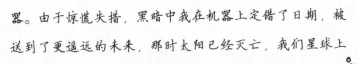

昨天　　　　　　　今天　　　　　　　明天

时间旅行并不是个新主意……

伦敦

1895年

我亲爱的朋友们：

　　我所说的全都是实情！我是个时间旅行者，我确实造访了遥远的未来。我们人类最终变成了两类，一个部落是美丽文弱的人种，另一群是多毛的食人肉的妖怪。我告诉你的故事都是真的。请相信我，我没疯！那些妖怪要吃我！你们一定想知道我是如何逃脱的，是的，我躲进了妖怪们的庙宇，启动了我的时间机器。由于惊慌失措，黑暗中我在机器上定错了日期，被送到了更遥远的未来，那时太阳已经灭亡，我们星球上的一切生命都已结束。我不得不再次逃走，真是危在旦夕啊！亲爱的朋友们，你要求我好好休息，恢复体力，可我却不得不回到过去。

现在我坐在自己的青铜的小机器里，调定仪表，嗖嗖地飞回过去。我知道那是危险的，可我就是不能自制，非干不行！朋友们，如果你读到了这封信的话，那就说明我永远也回不来了。就此告别啦！

再会！

时间旅行者

　　从此，没人再见过那个时间旅行者，也许他已成了恐龙的午餐，了结了一生。但别难过，这只是个故事！告诉你，自从1895年作家威尔斯把它写成故事以来，人们就一直梦想着穿越时空旅行。过一会儿我们再去研究时间机器是否确有可能帮你实现这个愿望，可现在你首先会惊异地发现，有一招儿可以叫你看到过去的事就在眼前，而且绝无危险，不会使你也成为恐龙的午茶点心。一旦知道如何去做，你就知道是何等容易了。

　　要做的仅仅是裹好毯子，保持身上的温暖，在星空晴朗的夜晚，到室外找个黑暗去处（小读者们由一个成人陪同，并确认该成人不会走失或被惊吓着），凝视星空。它们是不是都很可爱？有了免费的星星，谁还需要那些讨厌的路灯？

由于宇宙如此之大，来自许多星球的光需要经历成百上千年才能到达地球。就是我们的近邻——人马座星球，也距我们有40万亿千米远。这么远的距离，光也要走4.25年。所以，当你看星星时，看到的并不是星星的现在，而是光线离开那星星时的样子。明白吗？

是的，如果你有一台足够大的望远镜（比任何已发明出来的东西还大），你也许会发现30年前样子怪异的外星人，身着难看的外星时装，炫耀着丑陋的外星发式，正随着可怕的外星迪斯科音乐跳舞。而那些外星人，用他们真的够大的望远镜，也许正惊骇地盯着30年前你的老爸，他也正在跳迪斯科！

对啦，你明白了，你和外星人或许都正在时间里往回看！

你肯定不知道！

由于没有比光移动得再快的东西了，我们不可能得到有关各个星球更及时的信息，而居住在那儿的外星人也不会得到有关我们更及时的信息。也就是说，若有外星人接收到我们的电视信号（它们以光速向太空中传播），他们只能将就着看黑白电视，看的也就是《星际迷航》最早的几集。同样，如果我们碰巧收到了外星人的电视信号（外星人有电视？有趣），我们也只能看他们糟糕的老节目。

当然啦，观看星星过时的形象（以及外星人过时的电视明星），可远不如实实在在的"我曾去过的"时间旅行有趣。我不是说过有个黑洞就在附近吗？我提醒过你，格扎兹和蒂德里斯会非常难受地接近那个黑洞，是吧？

格扎兹在时间旅行中失踪！

故事说道——

格扎兹和蒂德里斯被一个傲慢的外星人所绑架。那外星人头上长着两个触须，拥有极其聪明的大脑。格扎兹受到不好的待遇——

翻肠倒肚后我觉得好些了，那小绿家伙对此可不以为然。

　　我用外星超吸附海绵清理了机舱。刚刚完事，那哑巴猫科动物也开始呕吐。我想，也许是出于对我的同情吧。

　　我猜此事令那外星人很不舒服，因为不久他就企图干掉我们。

　　他凝视着控制盘，两条触须抽搐着。我知道他不怀好意。他拽出激光枪，顶着我的鼻子。

　　"我们的探测器显示前面有一个黑洞，"他说，"从来没有人类进入过黑洞。你和你的地球生物伙计将成为首批实验品。进到逃逸舱里去！"

　　然后，那外星人演示了一些模拟图像，告诉我们将发生什么。我从头看到尾。我真希望自己没看！

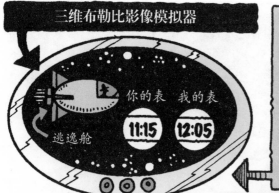

三维布勒比影像模拟器

你的表　我的表

11:15　12:05

逃逸舱

当你靠近黑洞时，你的计时表与我的相比会慢下来。时间受黑洞引力作用而慢下来。

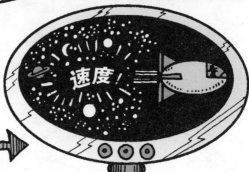

速度！

回头看，你会看到宇宙其他物体的移动在加速。

救命呀！

扑啦！
扑啦！

在布勒巴的信息网上与我接通后，你会听到我的声音会显得高且快，你也会看到我动作加快，而我会看到你动作变缓，你的声音听起来像：深—沉—而—且—缓—慢。

喵！

别哭叫！你这哑巴猫科动物！

因光线难以从你的航天器上逃出，就会显得暗淡下去，直到渐渐消失于黑暗中。

不到1秒钟，你看到宇宙的全部未来！你的时间计量停止了。

你脚部和头部所受引力差将你的身体拉长了40倍。

先是你的脚给拉掉，接着是你的小腿，再接着是你的大腿，然后你的身体被拽离你的脑袋。剩下的部分被挤压得比线还细。最后，你被压缩得比地球上的针尖还小。

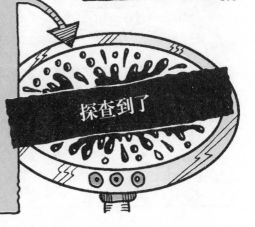

那外星人绝不是在开玩笑。我感到自己仿佛成了意大利面条，我可不愿意吃意大利面。黑洞那儿可不是休闲度假的好去处。我和那个长癞疮的短命的猫科动物绝对不愿去试那玩意儿。我们都想逃离，可却只能无奈地老老实实地坐在原位不动。

命令来得太是时候啦！奥德布罗巴不太高兴，可到底是命令，也不得不服从。

"你最好送我们回家，伙计！"我跟他说。

"我们快速的太空飞行放缓了时间。地球上现在已经超过我们10个地球日了。"他说。

我正试图弄明白这是怎么回事时，那小绿家伙突然高兴了起来。

"我决定以高于光速的速度行进返回我们原来的时间。"他宣布道。

然后，他愉快地尖叫了几声，忙乱地摆弄着控制器。我猜他肯定喜欢玩高速赛车。刚扣好安全带，我的肚子就向前冲了出去。星辰空间混为旋涡，就像咖啡上面被搅动的泡沫。我抓住那猫，那猫也抓住我。糟了！那猫爪可真够锋利的！痛得我咬紧牙关，直看有没有交通警察。又是一阵恶心，可我吃的晚饭早已吐光了。

"你有这玩意儿的驾照吗？"我问那小家伙，但我想他根本就没听见。

此时我算计着，如果能准时回到原来的时间，那我们当然也可以去任何一年啦！不如顺便做个交易吧！

"嘿！伙计！"我说，"把我多带回去几年，那样我就能去解开比萨饼店谋杀的谜团，就会赢得奖金啦！"

可那外星人不是在玩球——

"不可能！地球人！"他回答道。

就在此时，一个彗星撞上了一个巨大的太空石。我们是反时间逆向看到的——彗星从那岩石上跳了出来。

那岩石自己又归到一起，飞走了，完好如初！就连那又哑又笨的猫也看呆了。

说时迟那时快，奥德布罗巴驾驶飞船回到地球，在我们离开的当晚，回到了教授的房间。教授没发现那外星人，他肯定是在对那架破时间机器发疯。我知道自己在劫难逃，必然受到教授的责骂……

噢——嘿！罗伯特对这个故事不以为然，一个劲儿地晃着手指头。

摇晃！

噢，亲爱的，太荒唐啦！必须非常严肃地指出，没有任何东西会跑得比光还快，没有任何人能逆时而行！

噢，抱歉，罗伯特！他说到点子上啦，读者朋友们，记得奥德布罗巴的航天器第一次快速飞行吗（见第98页）？那次他的航天器质量增加了。爱因斯坦对狭义相对论的计算表明，在高速状态下质量与能量相互转化。当高速行进的巨大能量转化为质量时，就不可能行进得太快。如果你真的能走得跟光一样快，那你的质量会比整个宇宙还大！

这意味着两件事——

1. 你的体重严重超标，需要进行"宇宙撞击减肥节食"。

2. 保持如此快的速度，你需要无尽的能量，整个宇宙也没那么多。

所以，许多科学家认为你无法行进得比光还快。

我希望你把我说的都记下来了……

但是，OK，我得重申，这可是个重要的假设，一些科学家认为会有方法超过宇宙光速极限。如果真行的话，又会有哪些怪事发生呢？

如你所知，你行进得越快，时间相对于地球过得就越慢。如果你能行进得比表还快，那你的表相对于地球时间就有可能是往回走！那也就意味着你回到了过去，就像故事里讲的那样！

在科学聚会上，活泼、风趣的物理学家们背诵了一首打油诗阐明了这一理论。

> 有个姑娘叫亮亮，速度远远快过光。
> 探亲踏上相对路，归来早在头天夜！

说实在的，穿越时间旅行到底可行不可行？

最好还是将此问题分为两部分。如果你说的是顺时间向前旅行，正如你已发现的，答案是"是"。不管怎样，我们正向前行进。而要做真正的向前的时间旅行，我们所要做的仅仅是解决如何高速通过空间的问题。而且只要接近（可不要太近）那友好的正打盹的黑洞，我们总能使时间放慢。

至于逆向时间旅行，科学家们的观点截然不同（大多数说
"不"）。那些说"是"或"也许"的，持有他们个人钟爱的较复杂
的见解。商业广告时间后我们再继续……

美妙的"酷"漫步行

我的天，是够冷的啦！

欢迎来访我们冰冻般的光旋涡！

在绝对零度*下（任何物体都从没这么冷过），在巨大滚筒内盘旋时，时间缓慢下来。时间变成空间，空间变成时间，你便可以沿时间走回过去！

我们昨天就回来了，妈妈！

今天是昨天，孩子。明天会是今天——如果我们在24小时内回来的话！

警告！ 此时机器里很冷，不要忘记带上你的电热内衣和热水袋！

★ 绝对零度为热力学温标的零度，即−273.15℃。

特别提示：1. 在时间机器造出来之前，我们的时间机器无法带你回到过去，故此，恐龙狩猎活动取消！2.本机器的设计基于天才的时间旅行概念，鉴于机器尚未建造出来，它有可能无法工作（不退款）。3.即便机器工作，它们也会十分危险。可，嘿，这可是探险旅行啊！

什么？广告中有些词语你不明白？ 那你最好看看下面……

好奇怪的说法

科学家说：

我发现了个虫洞。

你是说……

那又怎样？我家花园里有的是。

答案

　　除非你真的想挖它。虫洞是某种时间和空间的捷径。旋转的黑洞在那儿形成某种通道。不，那不是太空吃人巨虫的家——比那危险得多！如同黑洞，它会将你撕成碎块，吞咽零星的星球。你最好还是对它表示敬意。

如何建造自己的时间机器

1. 首先，创建一个黑洞，不停地作离心搅动，就此形成虫洞。

2. 使虫洞一端开始快速的空间飞行。你可用一个漂亮的星球——木星即可，来诱导着拉它。

3. 由于时间膨胀，当你回到地球时，50年已经过去了。不过你可以跳进虫洞，从其另一端跃出，这样就可以回到你出发的那年了。

听起来稀里糊涂，不过你已经在时间里做了个回路。别害怕，没危险！只要不靠近那通道的边，你就不会遭受黑洞效应。

坏消息

正如罗伯特拼命要指出的那样，没那么简单。

OK，罗伯特，你现在可以平心静气地讲讲啦。

此时此刻，科学家们正在讨论这些问题。他们已经提交了几个类似撑开虫洞等复杂的提案。可怕的是，他们建议用的能源现在还没发明出来呢！如此说来，你还真不要急于收拾行装，去度那一口价的什么时间旅行假期！

告诉你，终有一天，时间旅行就会像上公共汽车一样简便。事实上会更简便些，因为到那时可能已没有公共汽车了！可我们真的想要逆时间旅行吗？如果你确实想回到出生前，那事情可就太难预料了……

可能发生的，时间旅行者难以接受的事实

1. 半疯的时间旅行者可能杀害其祖母……

问 题： 如果她杀了祖母，那么时间旅行者就不会出生！顺便说说，为什么关于时间科学的书总是描述祖母被杀案件？是不是有些科学家厌恶他们的祖母？

2. 时间旅行者可能会遇到小时候的自己……

问 题： 谁是真的呢？

3. 也许是她教自己如何制造时间机器的。

问 题： 主意来自何方？

有些科学家认为，对这些问题总会有个说法。另一些则认为不会有。科学家们对事物总有不同看法。你怎么想？如果拿不定主意的话，为什么不好好想想？

想好了吗？OK！让我们快一点儿，假如你可顺时旅行，是顺时而非逆时，你能走多远呢？时间是无休无止的吗？将来某天时间会急刹车吗？可别让这些想法折磨得你晚上无法入睡……

正如我在第4页中所说，科学家们认为时间起始于宇宙的开始，在那之前没有时空，也就没有时间。这些倒不太重要，关键是，我们是在探求宇宙会如何结束。1922年，俄国科学家亚历山大·弗里德曼（1888—1925）总结出3种可能——你喜欢哪种？

1. 宇宙会停止变大，开始缩小，在科学家所说的宇宙大坍缩中聚到一起。好消息是：令人兴奋！坏消息是：太混乱啦！

2. 宇宙不断变大。未来几十亿年后，由于行星和恒星的热量被吸入太空，而宇宙还不断变大，最终宇宙将耗尽能量。好消息：我们不会有大碰撞。坏消息：太没意思啦！

3. 宇宙会不断变大，可不会太快。实际上到了某一点，它会无法变得更大。坏消息：更加没意思！

没人能确定将会发生什么，但目前科学家们认为第2种情况发生的可能性大些。当然，到底哪个答案对，科学家们还会继续争论下去。他们的争论也必将持续到时间终结那一刻。

我想还是让他们吵去吧！

尾声：时间的终结

活过的，活着的，要活的每个人都受时间的影响。有些人发现关于时间的整个理论是如此令人惊叹，于是年复一年地致力于理解时间、测量时间，或是为时间绞尽脑汁。想想约翰·哈里森、桑福德·弗莱明，还有路易吉·利里奥等等这些人吧……

此书名叫《时间揭秘》。你是否考虑过，秘密到底是什么？

好啦，秘密就是：时间是你每天生活的一部分。我们以为自己知道时间是什么，我们用钟表报时，通过原子钟以难以置信的精度测量时间；我们可以研究出关于时间是什么和时间如何开始的理论，我们可以梦想穿越时间旅行。可到头来我们根本不理解时间！我们不能确切地知道时间来自何方，去向何处。我们说不出时间如何运行，时间为何仅仅单向行进。

秘密就是时间仍是一个谜！

有人试图搞清时间的实质，那可真是可怕！这也就是为什么时间问题至今仍是科学家们的终极挑战。

阿尔伯特·爱因斯坦年迈时曾写道：

> 我就像个小孩进入了巨大的图书馆。馆中从地上到顶棚摆满了各种语言的书——那孩子不懂那些语言——他注意到了书籍摆放的方式，发现了一种神秘的秩序。对此，他也只是隐约有所察觉……

每当打开科学书籍时，有些人就会有此感觉（希望不是这本书）。如果你迷惑不解的话，也没有关系，要明白，阿尔伯特所说的是宇宙的终极谜团。当然也包括时间。

无疑，科学家们正慢慢地揭开时间之谜。答案快要揭晓了。揭开谜团的钥匙就在宇宙的某处，在冰冷黑暗的苍穹里，在闪烁的群星间。终有一天，我们会发现它……噢，对啦，那只是个时间问题！

> 只是个时间问题？好了，那只是诸理论中的一个。而我以为，从本质上说，基本的解释来自于那极大的质量——

> 住嘴！

疯狂测试

时间揭秘

你是不是一个时间揭秘专家?

赶紧来寻找答案吧!

经过了惊人刺激的时光之旅，你对时间到底领悟了多少呢？你是一个老到的时间旅者，还是一旦丢了腕表，便笨的像只海象的"菜鸟"？下面这些测试能帮助你快速揭开时间的秘密……

时间揭秘

时间是微妙的，历史上，疯狂的科学家们曾提出了一些惊人的思想。花点时间，思考一下，看看以下的文字是揭示了时间的秘密，还是仅仅是一本科幻小说。

1. 时、分及秒的概念是在约4000年以前被提出的。

2. 南半球夏至的时间是在12月。

3. 地球绕着太阳转一圈需要365天。

4. 时间推移的速度取决于你移动的速度。

5. 在奇妙的宇宙中，任何事物都是三维的——由二维的空间以及一维的时间组成。

6. 时空关系是在20世纪末由科幻小说迷提出的。

7. 如果用一根奇特的绳子连接宇宙，人们便有可能穿梭时空。

8. 在地球上的某个地方，你可以在几秒内往返于几天之间。

1. 正确。古巴比伦人发明了这种绝妙的计时方法，但是，由于钟表在很久以后才被人们所发明，人们不能真正理解它，所以，它只是一堆没用的概念。

2. 正确。南半球的夏季和冬季与北半球的正好相反，所以，当你在冬季身着厚厚的羊毛大衣时，住在地球南半部的人们却在沙滩享受着12月的阳光。

3. 错误。地球围绕太阳一周需要365.25天——这也就是为什么中世纪的时候，人们会在错误的时间庆祝复活节。

4. 正确。但是，当你用微不足道的速度行走在地球上时，你不会注意到它——即使你坐在飞机上。除非你有一架能以接近光速飞行的火箭飞船。

5. 错误。古怪的物理学家猜想有四维空间的存在——三维的空间和一维的时间。

6. 错误。时空关系听起来像是科幻电影里才会出现的事物，不过，它是真实存在的。科学家用它来分析空间和时间是如何相连的。

7. 正确。不过，它只是一个概念。有些科学家们认为太空中存在一种叫做宇宙弦的物质。它们连接的物体能以难以置信的速度前进并且能穿越时空。

8. 正确。如果你身处国际日期变更线，你就可以在几秒之内从周日进到周一，并且再次回到周日。只不过你需要通过游泳来实现，因为国际日期变更线正好位于海上。

有用的时间单位

几个世纪以来，人们找到了各种方法来分割时间——大概是为了使他们不再花费比可怕的科学课更长的时间。你能够将如下神秘的量度与它们所指的神奇的时间长度对应起来吗？

1. 分

2. 原秒

3. 世纪

4. 季度

5. 毫秒

6. 两星期

7. 一瞬间

8. 微秒

a) 3个月

b) 百万分之一秒

c) 60秒

d) 14天

e) 0.36秒

f) 光走过3个氢原子的长度所需要的时间

g) 100年

h) 1/1000秒

1. c）；2. f）；3. g）；4. a）；5. h）；6. d）；7. e）；8. b）。

可怕的时空

多少年来，人们曾仰望苍穹，寻找关于时间的奥秘。人们无数次地提出一些无法回答的问题：宇宙的年龄有多大？光从星球到达地球需要多久？外星人洗澡所需要的时间跟你的姐姐一样长吗？现在，请凝视着太空，看看你是否能找出以下问题的答案吧。

1. 古怪的科学家们把太空中时间停止的怪诞地方称作什么？

提示：宇宙中最深、最暗的地方。

2. 我们用宇宙中的哪个天体来描述地球上的月份？

提示：一个无需思考的问题。

3. 通过太空中哪个神奇的空间，你能够悄悄回到过去？

　　提示：和动物有关。

4. 阿尔伯特·爱因斯坦提出的什么理论解释了空间时间是如何运作的？

　　提示：它与你的婶婶或叔叔无关。

5. 古怪的物理学家们把时间的开始称为什么？

　　提示：它是一个爆炸理论。

6. 宇宙中，赛跑比赛永远的冠军是谁？

　　提示：加油！别钻牛角尖。

 答案

1. 黑洞
2. 月球
3. 虫洞
4. 相对论
5. 宇宙大爆炸
6. 光

古怪的钟表和日历

自从人类第一次走出洞穴，他们便开始思索准确地衡量时间的方法——它长久以来一直困惑着人们。你是否曾设法了解时间呢？请完成下面的小测验，找出答案吧……

1. 地球人把一年中最短的一天称作什么？

a) 冬至

b) 冬分

c) 大寒

2. 在哪儿能够找到国际日期变更线？

a) 在伦敦的格林威治

b) 在当地的报纸上

c) 在太平洋

3. 一般每年的2月有28天，但每隔4年，那一年的2月有29天，那一年叫什么年？

a) 闰年

b) 长年

c) 幸运年

4. 哪种聪明的钟是地球上最准确的?

a) 石英钟

b) 原子钟

c) 日晷

5. 不管你身处何方, 时间都是相同的, 地球上的这个奇妙的
区域被称作什么?

a) 时域

b) 时区

c) 时钟

6. 在17世纪, 哪个绝妙的发明使得时钟比从前更加精准?

a) 擒纵轮

b) 秒针

c) 铯原子

答案

1. a); 2. c); 3. a); 4. b); 5. b); 6. a)。

"经典科学"系列（26册）

肚子里的恶心事儿
丑陋的虫子
显微镜下的怪物
动物惊奇
植物的咒语
臭屁的大脑
神奇的肢体碎片
身体使用手册
杀人疾病全记录
进化之谜
时间揭秘
触电惊魂
力的惊险故事
声音的魔力
神秘莫测的光
能量怪物
化学也疯狂
受苦受难的科学家
改变世界的科学实验
魔鬼头脑训练营
"末日"来临
鏖战飞行
目瞪口呆话发明
动物的狩猎绝招
恐怖的实验
致命毒药

"经典数学"系列（12册）

要命的数学
特别要命的数学
绝望的分数
你真的会＋－×÷吗
数字——破解万物的钥匙
逃不出的怪圈——圆和其他图形
寻找你的幸运星——概率的秘密
测来测去——长度、面积和体积
数学头脑训练营
玩转几何
代数任我行
超级公式

"科学新知"系列（17册）

破案术大全
墓室里的秘密
密码全攻略
外星人的疯狂旅行
魔术全揭秘
超级建筑
超能电脑
电影特技魔法秀
街上流行机器人
美妙的电影
我为音乐狂
巧克力秘闻
神奇的互联网
太空旅行记
消逝的恐龙
艺术家的魔法秀
不为人知的奥运故事

"自然探秘"系列（12册）

惊险南北极
地震了！快跑！
发威的火山
愤怒的河流
绝顶探险
杀人风暴
死亡沙漠
无情的海洋
雨林深处
勇敢者大冒险
鬼怪之湖
荒野之岛

"体验课堂"系列（4册）

体验丛林
体验沙漠
体验鲨鱼
体验宇宙

"中国特辑"系列（1册）

谁来拯救地球